^{표준} 제과미술

재단법인 과우학원 著

···머 리 말

베이커리 제품은 그저 먹을거리라는 차원을 넘어서 오감을 만족시켜주는 종합 예술품이란 칭찬을 들어 왔습니다.

맛과 향, 촉감은 물론 먹을 때의 소리와 식감(食感)까지 감안하여 오랜 시간에 걸쳐 재료 배합의 조화와 최적의 공정을 맞추어 오고 있습니다.

여기에다 '보기 좋은 떡이 먹기도 좋다.'라는 옛말에 따라 시각적 효과를 더하는 과정을 데커레이션이라 할 수 있는데 케이크뿐만 아니라 빵에도 함께 적용하는 용어입니다.

빵이나 과자 자체를 대상으로 하는 실용 제품과 전시나 장식을 위한 공예작품을 만드는 기법 모두가 이 범주에 속한다고 봅니다. 옛날에는 대부분의 다른 나라에서도 그랬듯이 우리나라의 데커레이션 기술 전수도 전통적으로 도제(徒弟)형식이어서 기술습득에 너무 많은 시간과 노력이 필요 했습니다.

1973년 개교한 한국제과학교를 효시로 많은 제과교육기관들이 출현하여 교육을 실시함으로써 특수기술로 고착되었던 데커레이션이 일반적, 보편적 기술로 전환되기 시작했습니다. 각 교육기관마다 교과 과정 운영상 단편적인 개인 교안(敎案) 밖에 없던 차에 그동안의 경험을 바탕으로 독자가 필요로 하는 내용을 통합하여, 기본에 충실하면서 응용성의 폭도 넓게하여 초보자에게는 입문서로, 전공하는 학생에게는 교과서로, 기술인에게는 참고서로 유용하게 사용되기를 기대하면서 〈제과미술〉을 발간하게 되었습니다.

데커레이션 기초 이론을 비롯하여 연습을 통해 실제로 습득해야 하는 선 그리기, 모양깍지 사용법, 꽃 만들기 등 기본 디자인 기법과 장식물 제작, 응용제품 제조 등을 다양하게 수록하여 초보자로부터 고급 기술인에 이르기까지 단계별로 필요한 부분을 선택할 수 있으며, 기능장 시험, 국가기술자격 및 민간자격 시험에도 활용할 수 있도록 하였습니다.

이 책 발간에 있어 물심양면으로 적극적인 지원을 해주신 미국소맥협회의 고원방 대표님, 내용을 집필하고 감수해 주신 여러 교수님들과 "아이디어" 창출에 도움이 될만한 작품들을 내주신 이 시대의 분야별 최고 전문가 여러분, 그리고 최초의 통합 데커레이션 교재 출간에 열성을 다 하신 B&C월드 장상원 대표께 깊은 감사를 드립니다.

저자씀

제 · 과 · 미 · 술

contents

케이크 디자인의 기본

케이크 디자인은 회화나 조각과는 달리 여러 가지 제약 조건을 갖는다. 회화나 조각은 시각창조 과정을 통해 어떠한 메시지 전달을 주목적으로 하나, 케이크 디자인은 한정된 대상제품 안에서 고객의 요구에 부응해야 한다. 따라서, 제품의 특성을 가장 잘 나타낼 수 있는 재료와 디자인 구성요소들을 적절히 조합하는 능력, 목표고객에게 잘 어필할 수 있도록 표현하는 능력이 중요하다고 하겠다.

1. 디자인의 구성요소

디자인의 구성요소에는 개념요소와 시각요소, 상관요소, 실제요소가 있다.

(1) 개념요소

실제로는 존재하지 않으나 존재하는 것처럼 정의된 요소이며 점, 선, 면 입체가 이에 해당한다.

1) 점(Point, Spot) : '크기나 면적이 없이 위치만을 표시하는 것'이 점의 기하학적인 정의이다. 편의에 따라 점의 크기를 달리 할 수는 있으나 조형 요소 중 최소의 단위이며 집중·강조, 위치 표시 등의 기능을 가진다.

2) 선(Line) : 점이 움직인 자취를 선이라고 하며 폭은 없고 길이와 형태, 방향을 나타낸다. 선은 면을 분할하고 물체의 윤곽을 나타내며 선 자체가 독자적인 감정을 나타내기도 한다.

① 직선 : 단순하고 직접적이며 강직한 남성적 느낌을 준다.

　가. 가는 직선 : 신경질적이고 예민하며 날카로움을 나타낸다.

　나. 굵은 직선 : 힘찬 반면에 둔중한 느낌을 준다.

　다. 수직선 : 높음, 깊음, 엄숙, 강건, 영원을 나타낸다.

　라. 수평선 : 넓음, 발전, 안정감, 고요함, 휴식감을 나타낸다.

　마. 사선 : 움직임, 초조, 불안을 나타낸다. 지그재그선도 사선에 해당되며, 방사선은 한 점에 집중하는 느낌을 준다.

② 곡선 : 아름답고 부드러우며 섬세한 여성적 느낌을 준다.

　가. 기하곡선 : 원, 타원, 기하학적 연속 곡석 등이 있으며 확실함, 이해하기 쉬움, 명료함 등의 느낌을 준다.

　나. 자유곡선 : 손으로 그린 자유로운 곡선으로 C커브, S커브, 소

용돌이 모양의 와선 등이 대표적인 자유곡선이다. C커브는 긴
요함, 화려함, 부드러움 등을 나타내고 S커브는 우아함, 점잖음,
매력적임 등을 나타낸다.

3) 면(Surface) : 선이 움직인 자취를 면이라 하며, 두께는 없이 면적만
있다. 최소면적의 면은 점이 되고 최소폭의 면은 선이 된다. 면에는
기하학적인 면과 핸드 드로잉에 의한 자유면이 있는데 면의 형태에
따라 원근감과 운동감을 느낄 수 있다.

4) 입체(Solid) : 면이 움직인 자취를 입체라 하며, 여러 개의 평면이나
곡면으로 둘러 싸여 3차원의 공간에서 일정한 부피를 가진다. 정육
면체, 직육면체, 원기둥, 각뿔, 구 등의 기하학적인 입체와 자유롭게
만들어진 입체 등을 생각할 수 있다.

(2) 시각요소

점, 선, 명 등 실제로 존재하지 않는 요소들을 가시적으로 표현했을 때 나
타나는 요소들이다. 실제로 볼 수 있고 느낄 수 있는 요소로 형(형태), 크기,
색채, 질감 등이 있다.

1) 형(형태) : 점, 선, 면의 움직임에 의해 나타나는 모습으로 물체의 윤
곽이나 경계선을 의미한다. 형에는 평면적인 경우와 입체적인 경우가
있는데 평면적인 경우를 형(Shape)이라 하고, 입체적인 경우를 형태
(Form)라 부르기도 한다.

2) 크기(Size) : 계수적 측정단위로 나타낼 수 있는 요소이며 모든 형과
형태는 고유의 크기를 가진다. 크기라는 요소는 균형과 조화에 있어
중요한 기능을 가지며 위대성이나 장대함, 귀여움 같은 감동을 주기
도 하고 위압이나 안도감을 느끼게도 한다.

3) 색채(Color) : 시각의 근본이 되는 요소 중의 하나로, 우리들의 시각은
물체의 형태와 색채(빛깔)를 인식함으로써 얻어진다. 색채는 빛의 반
사와 투과에 의해 나타나며, 색상, 명도, 채도의 3요소로 구성된다.
같은 색채라도 개인마다 느끼는 정도가 다를 수 있다.

4) 질감(Texture) : 물체 표면의 특징을 느낄 수 있는 시각적, 촉각적 요
소를 말한다. 텍스처라는 말은 원래 울(Wool)의 직물에서 나온 말
로 같은 실이라도 짜는 방법에 따라 질감이 다르게 나타나기 때문
에 이를 구별하기 위해 만들어진 용어이다. 모든 물체는 질감을 가
지며 부드러움과 딱딱함, 매끄러움과 까칠까칠함 등의 느낌이 질감
에 해당된다.

(3) 상관요소

각각의 개별적 요소들이 서로 유기적 상관관계를 이루어 상호작용을 함
으로써 나타나는 느낌이다. 상관요소에는 방향감과 위치감, 공간감, 중량감
이 있다.

1) 방향감 : 요소들의 구성형태나 배치에 따라 방향감이 생긴다. 보는 사
람의 위치에 따라서도 방향감은 달라질 수 있다.

2) 위치감 : 서로 다른 물체가 요소들이 놓여진 위치에 대한 감각이다.
놓였을 때 그 요소들은 상호 의존성을 가지지만 서로에 대해 다른 위
치로 표현된다.

3) 공간감 : 요소들이 차지하는 공간의 비례적 감각이다. 물체의 부피와
형의 면적에 따라 점유하고 있는 공간감이 달라진다.

4) 중량감 : 요소들이 주는 무게감이다. 물체의 색상과 질감, 크기 등에
따라 무게감이 서로 다르게 느껴진다.

(4) 실제요소

디자인의 내용과 범위를 포괄하는 요소로 디자인의 고유 목적을 충족시키기 위해 존재하는 요소이다. 질감 표현을 위한 재료, 의미에 맞는 색상, 디자인 목적에 적합한 기능, 메시지 전달을 위한 상징물 등의 실재적 요소이다.

2. 디자인의 구성 원리

디자인의 구성요소들을 어떻게 활용하느냐에 따라 디자인의 품질은 달라진다. 디자인의 구성 원리에는 조화, 균형, 비례, 율동, 강조, 통일이 있다.

(1) 조화(Harmony)

둘 이상의 요소들이 결합하여 통일된 전체로서 각 요소보다 더 높은 의미의 미적 효과를 나타냄을 말한다. 요소끼리 서로 분리되거나 배척하지 않고 질서를 유지함으로써 달성할 수 있다.

① 유사조화 : 서로 비슷하거나 같은 특성을 지닌 요소들의 조화로 안정감, 단순함, 명쾌함 등의 느낌을 준다.

② 대비조화 : 서로 다른 특성을 가진 요소들이 모여 조화를 이룬 것으로 긴장감, 강렬함, 극적인 효과를 준다.

(2) 균형(Balance)

요소들의 구성에 있어 가장 안정적인 원리이다. 형태와 색채 등의 각 구성요소의 배치 방법에 따라 대칭과 비대칭 균형으로 나눈다.

① 대칭 : 상하좌우 방향으로 같은 요소들이 마주보는 형태로 가장 안정적인 구성이다. 이동, 확대, 방사 등의 방법이 있다.

② 비대칭 : 형태적으로는 불균형한 모습을 보이지만 구성요소들이 시각적으로 일정한 형식을 유지하고 있는 것처럼 느껴져 안정감과 균형감을 주는 대칭의 한 형태이다.

(3) 비례(Proportion)

신비로운 기하학적 미의 법칙으로 고대 건축에서부터 많이 활용되어 왔다. 대표적인 비례는 황금분할(1:1.618)로 하나의 선을 둘로 나눌 때 작은 선과 큰 선의 길이의 비와 같아지는 분할을 말한다. 이 외에도 금강비례(1:1.4142), 인체비례, 피보나치 수열 등이 있다.

서로 다른 사물들이 디자인 요소로 사용될 때 그 요소들의 상대적인 크기로서 비교되는 균형의 미를 나타낸다.

(4) 율동(Rhythm)

같거나 비슷한 요소들이 일정한 규칙으로 반복되거나, 일정한 변화를 주어 시각적으로 동적인 느낌을 갖게 하는 요소이다.

① 반복(Repetition) : 동일한 요소를 둘 이상 배열하여 동적인 느낌과 리듬감을 나타낸다. 반복이 지나치면 지루함을 주지만 균형성을 유지하는 반복효과는 안정감을 준다.

② 점이(Gradation) : 요소들의 크기, 방향 또는 색채의 점차적인 변화로 생기는 리듬이다. 반복의 경우보다 율동적이며 강한 느낌을 준다.

③ 동세(Movement) : 인물이나 동물의 움직임을 표현하기 위해 색채, 형태 등을 이용해 시각적으로 나타내는 것이다. 운동, 변화, 동작, 이동 등이 있다.

(5) 강조(Emphasis)

특정 부분에 변화를 주어 시각적 집중성을 갖게 하거나 강한 인상을 주기 위한 방식이다. 어떤 형태의 느낌을 더욱 강하게 표현하기 위해 사물의 특성을 간결하게 변형하여 나타내기도 하고 시선을 한곳으로 모으는 초점(focal point) 기법을 사용하기도 한다.

(6) 통일(Unity)

디자인이 갖고 있는 여러 요소들 속에 어떤 조화나 일치가 존재하고 있음을 의미한다. 디자인의 모든 부분들이 서로 유기적으로 적절히 연결되어 부분보다는 전체가 두드러져 보일 때 통일감을 느낄 수 있다.

디자인의 여러 요소를 모두 강조하는 것 보다는 주제가 되는 요소를 주 아이템으로 하고 이에 따른 부수적 요소들을 적절히 활용하는 것이 통일감을 살리는 방법이다.

3. 색채의 기본과 활용

모든 디자인에 있어 형태와 색은 가장 중요한 요소이다. 사람의 시각을 가장 강하게 자극하는 것은 생채적 요소이며, 점·선·면·입체 등의 요소들도 색상에 따라 그 느낌이 달라질 수 있다.

(1) 색의 분류

1) 기본색

① 색의 3원색 : 시안(Cyan), 마젠타(Magenta), 노랑(Yellow)

② 빛의 3원색 : 빨강(Red), 녹색(Green), 파랑(Blue)

2) 유채색 : 무채색 이외의 모든 색을 말한다. 빨강, 주황, 노랑, 녹색,

파랑, 남색, 보라 등의 무지개색과 이들의 혼합에서 나오는 모든 색이 포함된다. 색상과 명도, 채도를 가지며 빨강, 파랑, 노랑과 같이 더 이상 쪼갤 수 없는 색을 원색, 동일 색상 중에서 무채색이 섞이지 않은 순수한 색을 순색이라 한다.

3) 무채색 : 색상과 채도가 없이 오직 명도만 가진 색을 말한다. 흰색, 검정, 회색이 이에 속한다.

(2) 색의 속성

1) 색상(Hue)

색의 차이를 나타내는 말로 빨강, 파랑, 노랑 등 색의 이름으로 구별한다.

① 1차색 : 빨강, 파랑, 노랑

② 2차색 : 주황, 녹색, 보라

③ 3차색 : 귤색, 다홍, 자주, 남색, 청록, 연두

2) 채도(Chroma)

색의 선명한 정도를 나타낸다. 채도가 높을수록 색의 강도는 강하고 채도가 낮을수록 색의 강도는 약해진다. 채도가 낮은 색은 탁색이라고 하며 순색에 회색을 섞을 때 나타난다. 채도가 아주 낮아지면 나중에는 흰색이나 회색, 검정 등의 무채색이 된다.

3) 명도(Value) : 색의 밝기를 말한다. 명도가 가장 높은 색은 흰색이고 가장 낮은 색은 검정이다. 유채색과 무채색 모두 명도를 가진다.

4) 톤(Tone) : 명도와 채도에 따라 결정되는 색의 느낌을 말한다. 명암, 농담, 경중, 화려함, 수수함 등 색감이 정도를 나타낸다.

화려한 톤   수수한 톤

(3) 색의 대비

하나의 색이 주변의 색에 따라 실제의 색과는 다른 느낌을 주어 색차이가 강조되는 현상을 말한다. 색의 대비를 잘 활용하면 훌륭한 배색을 할 수 있다.

1) 동시대비

가까이 있는 두 가지 이상의 색을 동시에 볼때 나타나는 대비이다. 색상대비와 명도대비, 채도대비, 보색대비 등이 있다.

① 색상대비 : 조합된 색이 서로에게 영향을 주어 실제의 색과 다르게 보이는 대비이다. 보색끼리 조합했을 때 가장 대비의 효과가 크게 나타나는데, 색상환에서 멀리 떨어져 있는 색들끼리 조합할수록 서로의 색상이 강하게 보인다.

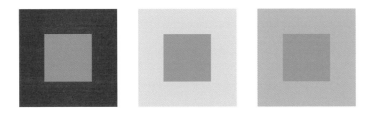

② 채도대비 : 서로의 채도차이가 큰 색끼리 조합했을 때 색을 돋보이게 만들 수 있다.

③ 명도대비 : 밝은 색과 어두운 색을 조합한 대비이다. 밝은 색일수록 어두운 색과 대비시키면 그 효과가 두드러진다.

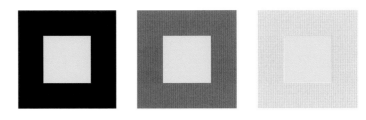

⑤ 보색대비 : 보색끼리의 대비이다.

④ 계시대비 : 어떤 색을 본 후 시간차를 두고 다른 색을 보았을 때 먼저 본색의 잔상영향으로 뒤에 본색이 다르게 보이는 현상을 말한다.

⑤ 면적대비 : 색이 차지하는 면적의 차이에 따라 다르게 느껴지는 대비이다. 면적이 큰 색은 명도와 채도가 실제보다 좀 더 밝고 맑게 보

인다.

⑥ 한난대비 : 차가운 색과 따뜻한 색이 대비되었을 때 서로 영향을 주
어 한난의 정도가 더욱 강하게 느껴지는 대비이다.

⑦ 연변대비 : 경계대비라고도 하며 색과 색이 서로 인접해 있을 경우 색
과 색의 경계부분에서 강한 색채대비가 일어나는 현상이다.

(4) 색의 혼합

두 가지 이상의 색을 섞어 다른 색감을 나타내는 작업이다.

1) 감산혼합 : 색을 혼합하면 할수록 순색의 강도가 낮아져 어두워지는 혼
합을 말한다. 물감, 잉크, 색료 등의 혼합에서 나타낸다.

2) 감산혼합 : 색을 혼합하면 할수록 명도가 높아져 밝아지는 혼합이다.
무대조명, 스크린, 모니터 등에서 나타난다.

3) 중간혼합 : 가산혼합이나 감산혼합처럼 직접적인 혼합이 이루어지지 않
았지만 주변의 환경적 요인에 따라 실제로 혼합된 것처럼 느껴지는 혼
합이다. 하나의 면에 두 가지 이상의 색을 붙인 후 회전하면 나타나는
회전혼합이나 여러가지 색이 조밀하게 분포되었을 때 나타나는 병치혼
합 등이 있다.

(5) 먼셀의 색상환

미국의 화가이며 색채연구가인 먼셀(Albert H.Munsell)에 의해 창안된
색의 표시법이다. 먼셀은 기본색을 빨강, 노랑, 녹색, 파랑, 보라의 5색으로
규정하고 기본 5색상의 중간색을 추가한 10색상을 링 모양으로 연결한 최
초의 색상환을 만들었다. 이때의 기본 10색상은 빨강, 주황, 노랑, 연두, 녹
색, 청록, 파랑, 남색, 보라, 자주이며 우리나라에서는 20색상환을 표준으

로 사용하고 있다. 색상환에서는 멀리 떨어져 있는 색일수록 서로에게 보
색이 된다.

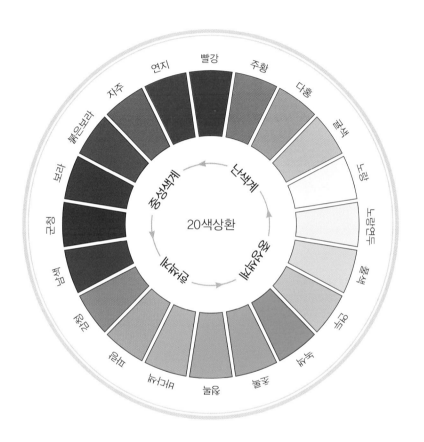

(6) 색의 이미지

색채에는 사람의 감정을 자극하는 효과가 있다. 색에서 받는 느낌은 색
에 따라 다르며 이를 적절히 활용함으로써 디자인의 효과를 더욱 더 배가
시킬 수 있다.

1) 색의 감정적 효과

　① 온도감

　　가. 난색 : 빨강, 주황, 노랑 등

　　나. 한색 : 청록, 파랑, 남색 등

　　다. 중간색 : 연두, 녹색, 보라, 자주 등

　② 중량감 : 명도에 의해 좌우되며 어두운 색은 무겁게, 밝은 색은 가
　　　　　　볍게 느껴진다.

　③ 강약감 : 대부분 채도에 의해 좌우되는 느낌으로 색의 강하고 약함
　　　　　　을 나타낸다.

　④ 경연감 : 색의 부드러움과 딱딱함의 느낌을 말하며 채도와 명도가 복
　　　　　　합적으로 작용하여 나타난다.

2) 색의 공감각

　색은 다른 감각기관인 미각, 후각, 청각 등도 같이 느끼게 하는데 이것을
색의 공감각이라 한다.

　① 미각 : 식욕을 돋구는 대표적인 색은 주황색이라는 주장이 있다.

　　가. 단맛 : 적색, 주황색, 노랑의 배색

　　나. 신맛 : 녹색과 노랑의 배색

　　다. 쓴맛 : 파랑, 밤색, 보라의 배색

　　라. 달콤한 맛 : 핑크계열

　② 후각 : 순색과 밝은 색, 맑은 색은 좋은 냄새의 느낌을 주고 어둡거
　　　나 탁한 색은 나쁜 냄새를 느끼게 한다. 오렌지색은 톡 쏘는 냄새를,
　　　라일락과 같은 연한 보라는 은은한 향기를 느끼게 한다.

　③ 청각 : 색으로 음을 느끼거나 표현할 수 있는데 이를 색청이라 한다.

　　가. 낮은음 : 어두운 색

　　나. 높은음 : 고명도, 고채도의 색

　　다. 탁음 : 회색

　　라. 표준음계 : 빨·주·노·초·파·남·보 등의 스펙트럼 순

　④ 촉각 : 저명도, 저채도의 색은 거친 느낌을, 밝은 파스텔톤의 색은 부
　　　드러움을 느끼게 한다.

　⑤ 계절감 : 색으로 계절감을 느낄 수 있다.

　　가. 봄 : 나뭇잎(녹색띤 황색, 레몬색), 화초(연한 자색, 벚꽃색), 하
　　　늘(보라색 띤 파란색), 늦봄의 하늘(선명한 코발트 블루), 나무(
　　　선명한 녹색과 청색, 흰색)

　　나. 여름 : 나뭇잎(짙은 녹색), 하늘(감청색), 해변(코발트 그린, 백
　　　색, 아이스 블루)

　　다. 가을 : 나뭇잎(황색, 붉은 산초색, 단풍색, 낙엽색), 하늘(짙은 코
　　　발트 블루), 청자색, 와인색

　　라. 겨울 : 하늘(희끄무레한 회색), 눈(은백색), 찬 색계통의 자연색

3) 색의 연상과 치료효과

색명	연상과 상징	치료효과
빨강(R)	정열, 애정, 흥분, 위험, 혁명, 분노, 피, 더위, 건조, 일출, 노을	빈혈, 노쇠, 화재, 방화, 정지, 긴급
주황(YR)	기쁨, 원기, 즐거움, 만족, 온화, 건강, 활력, 따뜻함, 광명, 풍부, 가을	무기력, 강장제, 공장의 위험 표시, 공작물의 주요 부분색
노랑(Y)	명랑, 환희, 희망, 광명, 팽창, 유쾌, 황금	염증, 신경제, 신경질, 완화제, 피로회복, 방부제, 도로 및 공장의 주의 표시, 금지선
연두(GY)	위안, 친애, 청순, 젊음, 신선, 생동, 안정, 순진, 자연, 초여름, 잔디	위안, 피로회복, 강장, 따뜻함, 방부, 골절
녹색(G)	평화, 상쾌, 희망, 휴식, 안전, 안정, 안식, 평정, 소박	해독, 피로회복, 안전 및 구급색, 구호
청록(BG)	청결, 냉정, 질투, 이성, 죄, 바다, 찬바람	기술 상담실 벽, 이론적 추진
파랑(B)	젊음, 차가움, 명상, 심원, 냉혹, 추위, 바다	눈, 신경 피로회복, 염증, 침정제, 맥박저하, 피서
시안(Cyan)	하늘, 우울, 소극, 고독, 투명	침정작용, 종기, 마취
남색(PB)	공포, 침울, 냉철, 무한, 신비, 고독, 영원	살균, 정화, 출산
보라(P)	창조, 우아, 고독, 공포, 신앙, 위엄	방사선 물질
자주(RP)	사랑, 애정, 화려, 흥분, 슬픔	저혈압, 노이로제
마젠타(Magenta)	애정, 창조, 코스모스, 성적, 심리적	월경불순, 저혈압, 우울증, 노이로제
흰색(White)	순수, 순결, 신성, 정직, 소박, 청결, 눈	고독감, 비상출입구, 정돈
회색(Gray)	평범, 겸손, 수수, 무기력	우울한 분위기
검정(Black)	허무, 불안, 절망, 정지, 침묵, 암흑, 부정, 죽음, 죄, 밤	주황, 노랑, 흰색과 함께 주의표시의 보조색, 위험표시의 글자, 상복, 예복

케이크 디자인의 재료

1. 크림류

(1) 생크림(Fresh cream)

생크림이란 우유의 유지방을 원심분리하여 얻는 것으로 프레시 크림(Fresh cream) 이라고도 하며, 유지방 18% 이상인 크림을 가리킨다. 거품 올리기에 알맞은 생크림은 유지방이 30% 이상인 제품이다. 식물성 생크림은 휘핑크림으로 구분하여 부르기도 한다. 생크림은 가장 손쉬운 데커레이션 재료로 설탕과 향, 색소 등을 첨가하여 아이싱과 파이핑, 샌드용으로 사용한다.

〈기본 배합표〉

재료	사용범위(%)	비 율(%)	무게(%)
생크림	100	100	500
설탕	5~20	10	50
양주	0~10	3	15

〈제조공정〉

1) 차가운 믹서 볼에 냉장으로 보관한 생크림(4~7℃) 원액을 넣고 설탕을 첨가하여 혼합한 후 오버런(over run) 80~90% 상태로 기포한다.

2) 양주를 생크림(13℃ 정도)에 첨가하고 가볍게 혼합한다.

* Tip 오버런(over run)이란 증량률로서 생크림의 기포 정도를 나타내는 수치

초콜릿 생크림을 제조할 때는 코코아분말을 그대로 넣지 말고 설탕시럽에 혼합한 후 믹싱 마지막 단계에 섞어주거나 90% 휘핑 생크림에 가나슈를 만들어 섞는다. 녹차가루 사용도 같은 방법으로 한다. 생크림에 산이 강한 재료를 사용하면 생크림의 단백질 성분이 응고하여 크림이 굳어버리므로 주의한다.

(2) 버터크림(Butter cream)

케이크 데커레이션 재료로 가장 많이 사용해 온 재료이다. 생크림을 사용하기 이전에는 케이크 데커레이션의 가장 중요한 재료로 아이싱과 파이핑, 모양짜기, 샌드용 등으로 사용되어 왔다. 버터크림에 있어 유지에 대하여 설탕이 미치는 영향이 매우 크다. 설탕 사용량에 따라 크림 맛이 많이 달라지기 때문이다. 또한 유지류의 융점에 따라 설탕량을 가감하여야 한다. 설탕 사용량은 아래 표를 참고한다.

〈기본 배합표〉

재료명	마가린(100%)	마가린/버터 (각 50%)	컴파운드버터 (100%)	버터(100%)
설탕	55~60%	50%	45%	40%
물 (설탕사용량에 따라 변화)	30	30	30	30
계란	6	6	6	6
양주	2	2	2	2
코코아	8	–	–	–
초콜릿	20	–	–	–
커피매스	13	–	–	–

사용 유지류의 융점에 따라 설탕량을 다소 가감해야 하지만 표의 %를 사용하여도 무방하다. 여기서 물의 양은 설탕사용량의 30% 이므로 계산하여 계량한다. 초콜릿 매스가 아닌 일반 다크 초콜릿을 사용할 때는 초콜릿 사용량의 30%를 설탕에서 차감하여 당도를 맞추어 주는 것이 바람직하다.

〈제조공정(시럽법)〉

1) 알루미늄 자루냄비에 뜨거운 물을 붓고 114℃ ~ 118℃로 끓인다.

2) 믹서 볼에 계란을 풀어서 넣고 시럽을 부으면서 고속으로 거품을 올린다.

3) 체에 부어 걸러주고 일부의 유지(사용량의 10%)를 넣고 식힌다.

4) 나머지 버터를 넣고 중속으로 믹싱한다. 희망하는 점도에서 기계를 멈추고 비중을 측정하여 항상 같은 비중을 유지하도록 한다.

* Tip 코코아 또는 다크 초콜릿을 사용할 때는 일부 유지를 투입한 후 동시에 넣는 것이 코코아의 텁텁한 맛을 줄여줄 수 있다.

* Tip 커피크림을 제조할 때는 커피를 용해하여 넣을 경우 쓴맛이 강하므로 *커피매스를 제조하여 사용하면 쓴맛을 줄일 수 있다.

* 커피매스(Coffee mass)

재료명	비율(%)	중량(g)
설탕	100	1,000
물(A)	20	200
커피분말	17	170
럼주	10	100
물(B)	10	100

〈제조공정〉

1) 알루미늄 자루냄비에 뜨거운 물(A)와 설탕을 넣어 잘 섞고 끓인다. 진한 캐러멜 색이 되면 뜨거운 물(B)를 넣으면서 농도를 조절한다 (화상에 주의한다).

2) 냉수에 냄비 바닥을 닿게 하여 조금 식힌 후 미리 섞어 놓은 럼주와 커피를 혼합한다. 완전히 식힌 후 유리병에 담아 밀봉한 후 필요할 때 사용하며, 시중에서 판매되는 커피 플레이버(Coffee flavor)와 함께 써도 좋다.

(3)기타 크림

생크림이나 버터크림에 초콜릿이나 기타 재료를 혼합한 크림류로 케이크 데커레이션에 활용할 수 있으며, 커스터드 크림 등도 일부 제품에 사용하여 제품의 모양과 맛을 표현할 수 있다.

2. 페이스트류

(1) 꽃 반죽(Flower paste)

여러 가지 꽃을 만드는 *슈거크래프트 반죽

* Tip 슈거크래프트(Sugar craft) : 슈거파우더와 젤라틴을 이용한 공예반죽

〈기본 배합표〉

재료명	비율(%)	중량(g)
슈거파우더	100	500
물엿	10	50
판 젤라틴	2	10
흰자분말	2	10
물	8	40
흰자	6	30
레몬즙	0.4	2
쇼트닝	2	10
*C.M.C.	2	10

* Tip C.M.C.= Carboxy Methyl Cellulose의 약자로 반죽의 점성을 증가시켜 주고 반죽을 얇게 밀어 펼 때 건조되거나 갈라짐을 방지한다. 레몬즙은 흰자를 강하게 하거나 설탕 재결정을 늦추는 역할을 한다.

〈제조공정〉

1) 판 젤라틴을 잘게 썰어주고 냉수를 부어 불린다(20분).

2) 슈거파우더, C.M.C., 흰자분말을 잘 섞고 체질한다.
   (슈거파우더가 차가우면 반죽 제조 시 덩어리가 생긴다)

3) 중탕한 물엿과 중탕으로 불린 판 젤라틴을 섞는다. 이것을 2)에 혼합한다.

4) 중탕한 흰자도 동시에 넣는다. 3)과 같이 넣어도 된다.

5) 중탕한 쇼트닝 1/2을 넣고 혼합한다.

6) 한 덩어리로 뭉친 반죽을 대리석에 올리고 손바닥에 나머지 쇼트닝을 바르고 치대면서 반죽하여 기포를 빼준다. 10분 정도 반죽하고 농축 레몬즙을 넣어 5분 정도 더 반죽하고 반죽을 작게 분할하여 비닐 백에 넣고 24시간 동안 냉장숙성한 후 사용한다.* 반죽의 기포를 잘 빼 주어야 깨끗한 꽃잎을 만들 수 있다.

(2) 커버반죽(Cover paste) : 케이크에 덮는 반죽

〈기본 배합표〉

재료명	비율(%)	중량(g)
슈거파우더	100	500
판 젤라틴	2.4	12
물	8.5	42.5
물엿	1.4	7
쇼트닝	1.4	7
레몬즙	0.4	2

〈제조공정〉

1) 체질한 슈거파우더에 중탕시킨 다른 재료를 넣고 반죽한다.

2) 전체 공정은 꽃 반죽과 같다.

(3) 검 페이스트(Gum paste)

프랑스어로 파스티아쥬(Pastillge)는 설탕과자라는 뜻으로 매우 단단한 반죽이므로 작은 장식과 몰드에 모양을 찍어내거나 밀어 펴서 각종 장

식물을 만든다. 건물, 공예 조형물, 요트(배) 모양 등 케이크 데커레이션의 조형물이나 장식용 세공품 제조에 다양하게 사용되고 있다.

〈기본 배합표〉

재료명	비율(%)	중량(g)
슈거파우더	100	500
C.M.C.	1.5	7.5
콘스타치	15	75
흰자	18	90
레몬즙	1	5

〈제조공정〉

1) 슈거파우더와 C.M.C., 콘스타치를 잘 섞어서 체질한다.
2) 중탕으로 따뜻하게 만든 흰자를 넣고 반죽한다.
3) 레몬즙을 넣고 반죽을 한 덩어리로 만든다.

(4) 모델링 (Modelling paste) : 레이스 장식용 반죽

가장자리 장식, 사람, 동물모양 등을 만드는데 많이 사용한다.

〈기본 배합표〉

재료명	비율(%)	중량(g)
꽃 반죽	100	500
커버반죽	100	500
쇼트닝	1.5	7.5

1) 꽃 반죽과 커버반죽을 섞고 끈적임이 증가하면 쇼트닝을 소량 혼합한다. 즉시 사용하거나 비닐 백에 담아 냉장하여 보관한다.
접착풀 = 꽃 반죽 100g, 커버반죽 100g, 양주 100g

제조공정 = 살균시킨 체리 병에 반죽을 잘게 잘라 넣고 양주를 부어 밀봉하고 2주이상 숙성시킨 후에 사용한다. 레이스 반죽, 꽃잎 등을 깨끗하게 접착시킬 수 있다.

* **Tip** 시중에서 판매하는 액체 풀에 10%의 물을 혼합하면 즉시 사용할 수 있는 접착풀을 만들 수 있다. 반죽에 물을 첨가하여 꽃잎을 접착할 수도 있다.

(5) 로열 아이싱 (Royal icing)

케이크 데커레이션에 크림류 다음으로 많이 사용하는 재료로 아이싱과 웨딩케이크에 글씨를 쓰거나 가늘게 짜는 반죽으로 정교한 디자인에 많이 사용한다. 쿠키나 컵케이크 장식에 사용하기도 한다.

〈기본 배합표〉

재료명	비율(%)	중량(g)
슈거파우더	100	500
흰자	15	75
레몬즙	0.4	2

〈제조공정〉

1) 둥근 볼에 슈거파우더를 2~3회 체질하여 넣는다.
2) 중탕한 흰자 (30℃)를 넣고 잘 저어준다.
3) 레몬즙을 혼합한다.

* **Tip** 매끈한 로열 아이싱 반죽을 만들려면 반죽을 랩으로 싸주고 2일 정도 숙성시킨다. 하루에 한번 정도는 잘 저어서 설탕 결정이 생기거나 침전 되는 것을 막아 준다. 바로 짜는 반죽을 희망할 경우에는 슈거파우더를 이용하여 반죽되기를 맞추고 짠다. 반죽이 너무 되직하면 짜기가 어렵고 바로 굳어버린다.

(6) 퐁당 (Fondant)

설탕을 물에 녹인 후 가열하여 과포화 상태의 시럽을 만들고 급랭으로 식히면서 교반하여 시럽을 하얀 색의 재결정 상태로 만든 것이다. 페이스트 상태로 사용하지만 나중에는 딱딱하게 굳는 성질이 있고, 쿠키 등의 아이싱 또는 파이핑, 부분적인 착색용으로도 사용한다.

〈기본 배합표〉

재료	비율(%)	무게(%)
설탕	100	1000
물	30	300
주석산크림	0.4	4
물엿	18	180

* Tip 고화방지(固化防止)를 위하여 글리세린을 사용하기도 한다.

〈제조공정〉

1) 동 그릇에 물, 설탕, 주석산크림을 넣고 가열하여 끓기 시작하면 물엿을 넣고 116~118℃까지 끓인다.
2) 대리석 작업대 위에 시럽이 밖으로 흐르지 않도록 세르클 틀을 올려놓고 틀 안에 시럽을 부은 다음 분무기로 물을 뿌려주면서 38℃까지 냉각시키고 틀을 제거한다.
3) 나무주걱을 사용하여 바깥쪽에서 안쪽으로 끌어 모으듯이 섞어준다.
4) 설탕의 재결정화에 의해서 흰색으로 변하면서 굳어지면 한 덩어리로 모아 치댄 후 밀봉하여 보관한다. 프랑스어의 〈녹는다._fondre〉라는 뜻으로 슈거파우더에 물과 물엿, 글리세린 등을 혼합하여 반죽 상태로 만들어 사용하기도 하는데, 퐁당은 충분히 식기 전에 이기면 거칠게 되고 너무 냉각하면 굳어져서 작업하기 힘들게 된다. 제조 후 작은 크기의 케이크에 코팅용으로 사용한다.

3. 머랭 (Meringue)

계란 흰자의 기포성과 설탕의 안정성을 이용해 만들어지는 머랭은 그 자체가 과자가 되기도 하나 주로 파이핑과 모양짜기의 재료로 쓰인다. 흰자와 설탕 외에 슈거파우더와 색소 등을 첨가하여 사용한다. 머랭에는 흰자와 설탕을 그대로 사용해 만든 찬 머랭(Cold meringue)과 흰자와 설탕을 적정온도로 가열해 만드는 따뜻한 머랭(Hot meringue), 그리고 시럽을 끓여서 만드는 이탈리안 머랭(Boiled meringue)이 있으며, 찬 머랭은 바쉐랭(Vacherin)이나 셸(Shell) 등에 사용되고, 따뜻한 머랭은 장식이나 세공용, 이탈리안 머랭은 크림류나 무스케이크처럼 굽지 않는 케이크류에 주로 사용한다.

(1) 머랭 꽃 (Meringue flower)

〈기본 배합표〉

재료명	비율(%)	중량(g)
흰자	100	400
설탕	160	640
슈거파우더	15	60

〈제조공정〉

1) 흰자에 설탕을 골고루 섞고 끓는 물에 올려 잘 저어주면서 중탕한다.
2) 빠른 시간 내에 중탕하여 68℃에 맞추고 고속으로 믹싱한다.
   100%의 거품이 형성되면 체질한 슈거파우더를 나무주걱을 사용하여 혼합한다.

* Tip 중탕을 너무 오래하면 흰자가 익어 푸석푸석한 머랭이 된다.

3) 반죽제조 후 비닐이나 젖은 광목으로 덮어둔다. 색소 첨가 시 색소를 풀처럼 물에 타서 소량씩 섞어야 머랭이 질어지는 것을 지연시킬 수 있다. 또한 슈거파우더 사용량은 제조하는 꽃의 종류와 제조자의 기능 정도에 따라 2~3배 까지 가감하여 사용할 수 있다. 꽃을 빨리 굳히고 싶으면 전체중량의 0.5%에 해당하는 주석산크림을 사용한다. 주석산 사용은 믹싱 중 후반에 투입한다.

* **Tip** 머랭꽃은 매우 가벼워서 케이크 장식에 유용하게 사용된다. 케이크 옆면에 붙여도 잘 떨어지지 않는 장점이 있다. 그렇지만 습기에는 매우 취약하므로 생크림류에 장식할 때는 꽃 아래쪽에 화이트 초콜릿을 코팅하여 장식한다. 사용하고 남은 머랭은 슈거파우더를 조금 더 섞고 꽃봉오리나 꽃심 또는 동물을 짜서 건조시켜 사용한다.

* **Tip** 건조는 오븐을 60℃ 정도로 맞추고 건조 시킨다. 작은 꽃은 1시간 정도 건조시키면 사용할 수 있다.

* **Tip** 크림으로 표현하기 어려운 특수한 꽃잎(연꽃잎, 국화잎 등)은 미리 짜서 말린 다음 사용하면 효과적이다. 입체감이 있는 새 모양 짜기도 하루 전에 날개를 미리 짜서 말린 다음 몸체에 붙여준다면 더욱 보기 좋은 모양이 된다.

(2) 드롭 플라워(Drop flower)

〈기본 배합표〉

재료명	비율(%)	중량(g)
슈거파우더	100	850
흰자	23.5	200
설탕	11.7	100
주석산	0.06	0.5

〈제조공정〉

1) 믹서 볼에 흰자와 설탕을 넣고 40℃로 중탕한다.

2) 1)을 믹싱하여 60% 정도의 머랭을 만든다.

3) 믹서를 2단 또는 중속으로 믹싱하며 체질한 슈거파우더를 6~7회

에 나누어 투입한다. 서서히 슈거파우더를 녹여야 매끈한 꽃 반죽을 만들 수 있다.

* **Tip** 드롭 플라워 반죽은 일반 머랭과 달리 무거운 반죽으로 단단한 꽃을 만들 때 사용한다. 일반 머랭에 비해 보존 기간이 매우 길며 충격에도 강하다. 일반 케이크와 공예 케이크에 사용한다.

4. 마지팬(Marzipan)

아몬드와 설탕으로 만든 페이스트이다. 얇게 밀어 펴 케이크에 씌우거나 인형 등의 작은 모양을 만드는데 사용한다. 마지팬은 아몬드와 설탕의 비율에 따라 용도가 다르며, 로-마지팬과 모델용 마지팬으로 나뉜다. 로-마지팬은 2(아몬드):1(설탕)로 스펀지나 파운드 반죽에 섞어 구워내거나 필링용으로 쓰이고, 모델용 마지팬은 1(아몬드):2(설탕)로 설탕의 점도가 강해 인형이나 과일 등의 세공품을 만들거나 얇게 펴서 아이싱용으로 쓰인다. 이밖에 1(아몬드):1(설탕)로 섞어 쓰는 것을 만델 맛세라 한다. 마지팬은 그냥 사용하기 보다는 초콜릿 또는 색소를 첨가해 목적에 맞는 데커레이션으로 사용한다.

〈기본 배합표〉

재료	비율(%)
아몬드	100
설탕	50

〈제조공정〉

1) 아몬드를 3~4시간 찬물에 담근 후 껍질을 제거하고 물기를 건조시킨다.

2) 아몬드와 설탕의 1/2를 넣고 섞은 후 빼고 나머지 설탕을 넣으면서 롤러를 통과시킨다.

3) 다른 그릇에 옮겨 중탕으로 저으면서 60℃ 정도로 가열한다.

4) 냉각 후 밀봉 보관하여 사용한다.

* **Tip** 꽃 또는 동물모양 제조 시 되기는 슈거파우더를 이용하며 반죽 후 사용한다. 마지팬은 지방함량이 많으므로 열을 가하는 것은 좋지 않으며 반죽 후 대리석에서 작업 하는 것이 좋다.

5. 초콜릿 (Chocolate)

초콜릿은 그 자체로써 훌륭한 제과류 제품이 되나 가나슈크림 등의 크림류와 섞어 샌드, 데커레이션용으로 사용하고 적당한 가공과정을 거쳐 싸인판이나 꽃 등의 기타 장식물로 사용하기도 한다. 케이크 데커레이션에 폭 넓게 사용되는 재료이다.

장식용 소품 제작에는 플라스틱 초콜릿이 주로 사용되며, 초콜릿공예에서는 몰드를 이용하여 원하는 모양을 떠내기도 하고, 초콜릿 덩어리를 깎아 조각을 하기도 한다.

화이트 초콜릿에 색소를 섞어 원하는 색상을 내지만 모양을 완성한 후 피스톨레 기법으로 색소를 덧씌워 색감을 내기도 한다. 케이크 코팅용 초콜릿의 경우는 카카오버터를 제거하고 설탕과 유지를 첨가하여 유동성을 높이기도 한다. 초콜릿의 온도 조절 작업, 템퍼링은 초콜릿의 결정화상태를 좌우하는 중요한 작업이다.

3가지 유형으로 나눌 수 있는데, 대리석을 이용한 온도 조절법으로 현재 가장 널리 이용되고 있으며, 많은 양의 초콜릿을 간편한 방법으로 온도를 낮은 상태로 지속시킬 수 있다는 장점이 있다.

두 번째로 차가운 물을 이용하여 온도를 낮추는 방법으로 녹인 커버추어 초콜릿을 용기에 담은 후 차가운 물 속에서 초콜릿을 저어 온도를 낮추는 방법으로 플라스틱보다는 열전도율이 좋은 스테인리스 용기가 좋다. 소량의 초콜릿을 템퍼링할 때 적합한 방법이며, 용기에 닿는 초콜릿이 냉수에 의해 쉽게 고체화되어 덩어리가 되면 다시 용해되지 않는다는 단점이 있다.

세 번째는 용해시킨 커버추어 초콜릿에 고체 상태의 커버추어 초콜릿을 섞어 온도를 낮추는 방법이다. 비교적 작업이 쉽고 편리하며 많은 양을 한꺼번에 할 수 있다. 그러나 용해시킨 초콜릿과 첨가하는 고체 상태의 초콜릿이 적정한 온도를 이룰 수 있도록 온도를 상대적으로 조절해야 한다는 단점이 있다.

(1) 템퍼링 공정

1) 다크 초콜릿을 50℃까지 중탕으로 완전히 녹인다.

2) 차가운 상태의 대리석 위에 녹인 초콜릿 2/3를 붓고 넓게 편다.

3) 27~28℃가 될 때까지 2)의 작업을 반복한다.

4) 3)을 스테인리스 볼에 담은 후 남은 1/3의 초콜릿과 혼합한다.

5) 4)를 32~34℃까지 온도를 높인 후 사용한다.

* **Tip** 템퍼링 시 실내온도에 따라 변화가 많으므로 실내온도를 22℃ 이상으로 맞추거나 대리석 온도를 22℃ 이상으로 맞추어 준 다음 템퍼링이나 초콜릿제조 작업을 하여야 실패를 줄일 수 있다.

(2) 코팅 가나슈(Coating Ganache)

〈기본 배합표〉

재료명	비율(%)	중량(g)
무가당 생크림	100	1,000
국산 다크 초콜릿 또는 파트글라세	50	500
판 젤라틴	2.6	26
다크 초콜릿	50	500
우유	50	500

※ 파트글라세 : 코팅 전용 준초콜릿

〈제조 공정〉

1) 둥근 볼에 생크림과 우유를 넣고 나무주걱으로 저어주며 끓인 다음 60℃ 정도로 식힌다.

2) 판 젤라틴은 냉수에 15분 정도 불려준 다음 물기를 짜고 1)에 넣고 혼합한다.

3) 파트글라세와 다크 초콜릿을 중탕으로 용해한다. 2)에 넣고 혼합한 후 40℃ 정도로 유지하며 케이크를 코팅한다.

  * Tip 계절이나 실내온도에 따라 코팅온도가 다르므로 주의한다.

6. 설탕 (Sugar)

설탕만을 이용한 케이크 데커레이션도 많이 활용되고 있다. 설탕공예가 대표적인데 설탕의 점성과 굳는 성질을 이용하여 설탕꽃과 같은 소형 장식물을 만들기도 하고, 조형물같은 대형 장식물을 만들어 테이블의 메인을 장식하기도 한다. 설탕공예는 공예기법 중 난이도가 높은 작업으로 여러 가지 장비도 필요하며 제과기술인들이 제일 마지막에 도전하는 공예기법이다.

(1) 설탕 끓이기

〈기본 배합표〉

재료	비율(%)	중량(g)
물	100	1,000
설탕	25	250
물엿	10	100
주석산 크림	–	2방울

〈제조공정〉

1) 이물질이 남지 않도록 깨끗이 씻은 냄비에 물을 넣는다.

2) 냄비 옆면에 설탕이 묻지 않도록 조심스럽게 설탕을 넣는다.

3) 설탕이 끓기 시작하면 윗면에 생긴 거품을 체로 조심스럽게 걷어낸다.

4) 설탕이 완전히 녹으면 시럽이 투명하게 변하기 시작한다.

5) 4)에 물엿을 넣는다.

6) 시럽이 다시 끓기 시작하면서 옆면에 튄 설탕을 물에 적신 붓으로 닦아낸다.

7) 온도계가 냄비 바닥에 닿지 않게 주의하면서 냄비 가운데 세운다.

8) 시럽의 온도가 160℃가 되면 원하는 색의 식용 색소를 넣는다.

9) 불에서 내리기 직전 주석산 2방울을 넣는다.

10) 시럽을 165℃까지 끓인 후 불에서 내리고 냄비 바닥을 찬 물에 넣

어 온도가 상승하는 것을 막는다.

(2) 설탕 반죽 보관하기

1) 대리석 위에 실팻을 깔고 165℃까지 끓인 설탕 시럽을 붓는다.

2) 1)이 흐르지 않을 만큼 굳으면 가장자리부터 조심스럽게 안으로 말아 넣는다.

3) 반죽이 전체적으로 일정한 온도가 되도록 뒤집어 접는 과정을 반복한다.

4) 반죽이 천천히 퍼지는 상태가 될 때까지 식힌다.

5) 4)의 반죽이 어느 정도 식으면 원기둥 모양이 되도록 성형한다.

6) 가위를 이용해 일정한 크기로 자른다.

7) 손바닥으로 가볍게 눌러준 후 방습제를 넣은 밀폐용기에 담아 보관한다.

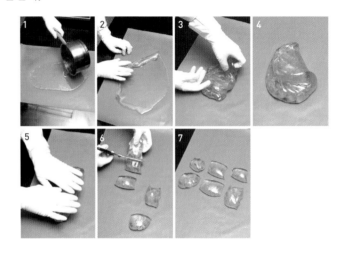

7. 시럽 (Syrup)

시럽은 케이크의 노화를 방지하고 케이크 내부를 촉촉하게 한다. 케이크 제조 후 내부에 수분이 골고루 분포되는 시간은 적어도 보통 2~3 일은 필요하다 케이크를 제조후 제품화 할때는 시럽을 사용하는 것이 좋다. 시럽에 사용하는 설탕은 케이크의 종류, 케이크에 사용한 설탕량, 계란 사용량 등에 따라 변화된다.

〈기본 배합율〉

재료명	기본시럽	과일시럽(a)	과일시럽(b)	커피시럽
물	100%	100%	100%	100%
설탕	30~50%	30%	40%	40%
생레몬	3%	3%	3%	–
통계피	1~2%	–	–	–
럼주(양주)	2%	2%	2%	3%
천연 오렌지향	–	–	1%	–
오렌지 필	–	–	1%	–
유자청	–	5%	–	–
과일퓨레	–	(산딸기)5%	(오렌지) 2%	–
커피 플레이버	–	–	–	3%

〈제조공정(물 2kg 기준)〉

1) 스테인리스 볼에 뜨거운 물과 설탕·레몬·통계피를 넣고 끓인다.

2) 끓기 시작하면 중불에 10분 정도 더 끓인다.

3) 얼음물에 냉각시킨다. 양주를 혼합하고 체에 걸러 사용한다.

> **Tip** 케이크 종류에 따라 시럽을 제조하며 양주는 용도에 맞게 선택한다.

8. 스펀지 (Sponge)

〈제조공정 1(유화스펀지)〉

1) 믹서 볼에 계란을 넣고 거품기로 풀어준다.

2) 체질한 박력분, B.P, 설탕, 소금, 유화제를 고루 섞는다.

3) 물을 넣고 중속으로 혼합한 다음 고속으로 1~2분 믹싱한다.

4) 식용유, 향을 수작업으로 혼합한다. 매끈한 상태까지 혼합한다.

〈기본 배합율〉

재료명	유화스펀지	가벼운 스펀지	무거운 스펀지	커피스펀지	코코아 스펀지
박력분	100%	100%	100%	100%	100%
설탕	100%	100%	100%	100%	100%
계란	200%	200%	140%	200%	200%
유화제	12%				
B.P	1%				
물(우유)	(물)10%		(우유)15%	(물)3%	
식용유	12%				
버터		25%	20%	40%	25%
소금	1%	1%	1%	1%	1%
코코아					15%
커피			3%		
바닐라향	1%	1%	1%	1%	1%

5) 패닝 : 원형팬에 위생지를 깔고 Ø18cm에는 350g~380g,
   Ø 21cm에는 440g~450g, Ø24cm에는 550g~600g

6) 굽기 : 윗불 175℃, 아랫불 150℃

〈제조공정 2(공립법 : 무거운 스펀지, 가벼운 스펀지, 커피, 코코아 스펀지 등)〉

1) 계란을 믹서 볼에 넣고 풀어준다.

2) 설탕. 소금을 넣고 45℃로 중탕한 다음 최대로 믹싱한다.

3) 체질한 박력분(코코아.녹차분말 등)을 혼합한다.

4) 버터를 용해하여(65℃ 이하) 수작업으로 혼합한다.

> **Tip** 패닝 중량은 유화스펀지와 동일하다. 녹차를 사용할 경우 가벼운 스펀지에 약 3%를 사용한다. 커피를 사용할 경우 소량의 물에 용해하여 박력분을 혼합한 후 섞는다. 스펀지에 20%의 노른자를 사용할 경우 고형질 증가로 모양이 좋은 스펀지를 만들 수 있다.

케이크 디자인 실기

01 데커레이션 케이크 만들기 기본도구

1. 기본도구

① 삼각콤 : 톱날 작은 것 (버터케이크 아이싱용)
　　　　　중간 것 (생크림 아이싱용)
　　　　　가장 큰 것 (양과자 아이싱용)

② 꽃받침 : 사발형 (드롭 플라워용)
　　　　　T자형 (장미, 에델바이스 등 다용도)
　　　　　T자 작은것 (소형 꽃 제조용)

③ 장미꽃 짜기 깍지 (대·중·소)

④ 바구니 짜기 깍지

⑤ 특수 모양깍지 (시퐁 케이크 등 다용도)

⑥ 원형깍지 (대·중·소)

⑦ 별 모양깍지 (대·중·소)

⑧ 스패튤러

⑨ 돌림판(턴 테이블)

⑩ 연습용 나무틀

⑪ 붓

⑫ 비닐 짤주머니

2. 스패튤러 잡는 법

스패튤러는 잡는 위치에 따라 아이싱을 배우는 기간이 달라지며 잡는 위치에 따라 크림을 바르는 두께도 달라지므로 유의해야 한다.

1 그림 ①과 같이 스패튤러를 잡는다. 힘을 빼고 잡는 것이 중요하다.

2 그림 ②는 케이크 윗면에 크림아이싱을 할 때 쓰는 방법으로 손잡이 쪽으로 짧게 잡는다.

3 케이크 옆면에 크림을 바를 때는 스패튤러를 짧게 잡고 크림을 바른다.

* 스패튤러를 이용 크림을 사용하는 방법

1 그릇에 있는 크림을 떠서 그릇 벽에 붙인 다음 물방울 모양으로 다시 떠서 사용한다. 이렇게 하는 이유는 케이크 윗면에 크림을 아이싱 할 때 바깥으로 크림이 떨어지는 것을 방지하고 아이싱 시간을 단축하기 위함이다.

02 데커레이션 케이크 아이싱 1 (원형케이크 크림 바르기)

1. 완성품

2. 준비물

연습용 모형나무판, 돌림판(턴 테이블)
스패튤러. 젖은 신문지 조각 . 연습용 크림.
젖은 행주 2장

* 연습용 크림 : 쇼트닝(100%), 분당(50%)

 * **Tip** 버터, 마가린으로 연습용 크림을 제조하면 부드럽기는
            하나 빨리 산패하여 좋지 않다.

 * **Tip** 쇼트닝을 거품내고 체질한 분당을 섞어준다.

3. 아이싱 연습하기

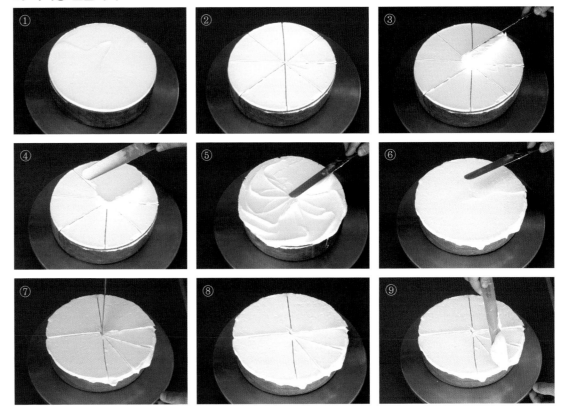

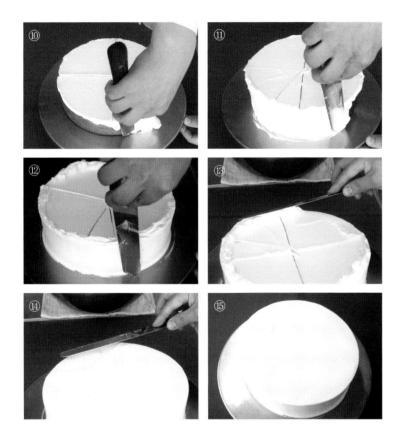

1 모형 나무판 위에 크림을 바르고 윗면을 8칸으로 분할한다. ②③

2 중심에서 오른쪽 2번째 칸에 물방울 모양 크림을 올리고 2시 방향으로 크림을 바른다. ④⑤

3 이것을 반복적으로 하며(5시 방향에서 2시 방향) 당겨줄 때는 6시 방향까지 발라준다. 이때 왼손은 7시 방향에서 6시 방향으로 한 칸씩만 당겨준다.

* **Tip** 주어진 칸만 바르며 중심점(가운데)을 넘지 않도록 주의한다. 돌림판 위에 나무판이 정 중앙에 있도록 한다. ⑥⑦

4 시작점에서 스패튤러를 45도 각도로 잡고 평탄작업을 한다. 수평을 맞추는 것이 중요하다. ⑧⑨⑩

* **Tip** 옆면을 바를 때에는 스패튤러를 다소 짧게 잡고 크림을 뜰 때에도 물방울 모양이 아니며 둥근 모양으로 크림을 떠서 발라준다. 이렇게 해야 두께가 일정한 크림 아이싱을 할 수 있다.

5 옆면을 크림을 바를 때도 윗면에 칸을 그려 넣고 크림을 바를 위치를 만들고 시작한다. ⑪⑫

6 처음 시작 위치는 8시 방향이며 시계 반대방향으로 7시 또는 6시까지 당겨준다. 이때 왼손은 한 칸씩만 시계방향으로 돌려준다. ⑬⑭⑮

7 이것을 반복하며 마무리 정리 할 때에는 8시에서 위치를 잡고 왼손으로 돌려 마무리한다. 이때 스패튤러는 45도 기울여 직각으로 세워준다. ⑯

8 윗면 평탄작업은 3시 위치에서 크림을 살짝 걷어 낸 다음 시계 반대 방향으로 걷어내며 수평을 잘 유지해야 한다. 이렇게 해야 깨끗하게 된다. ⑰⑱

* **Tip** 크림 아이싱에서 중요한 것은 돌림판 정중앙에 스펀지를 놓고 아이싱을 해야 크림 두께가 같아진다. 크림 양은 케이크 맛에 중요한 요소이기 때문에 두께를 잘 맞추어 아이싱을 해야 한다.

케이크 아이싱 2 (삼각콤 이용)

1. 완성품

1 원형케이크 기본 아이싱과 동일하다.

2 옆면 아이싱 후 삼각콤으로 무늬를 낸다.

3 윗면은 스패튤러를 이용 평탄작업을 한 다음 삼각콤으로 마무리 무늬를 낸다.

* Tip 삼각콤은 생크림케이크, 버터케이크, 머랭 디자인 등에 다양하게 사용된다. 톱칼을 이용하여 무늬를 내기도 한다.

2. 삼각콤 이용 아이싱

04 하트모양 아이싱 하기

1. 완성품

2. 준비물

하트모양 스티로폼, 스패튤러, 돌림판
연습용 크림, 행주 2장

> *Tip 스티로폼은 가볍기 때문에 돌림판 바닥에 크림을
> 발라주고 올려 붙이고 아이싱을 해야 한다. 그래야
> 흔들리지 않는다.

2. 하트형 아이싱

1 하트 앞면 모양을 만들 때 주의하여 아이싱한다.

2 하트 뒷면은 힘 조절을 하여 하트 굴곡을 아이싱한다. 많은 연습이
필요한 아이싱이다.

> *Tip 하트 모양은 앞면 모서리 각을 잘 살려서 아이싱해야 전체 모양이 좋아진다.

정사각 크림 바르기

1. 완성품

2. 사각형 아이싱

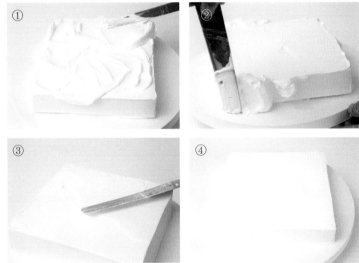

1 일반 원형 케이크 아이싱과 비슷하다. 윗면을 동일 방식으로 아이싱한다.

2 옆면 아이싱은 모서리의 각을 잘 만들어야 한다.

3 윗면 아이싱은 모서리부터 시작해야 깔끔하게 아이싱 할 수 있다.

4 용도에 따라 삼각콤으로 마무리 할 수 있다.

돔형 케이크 아이싱

1. 완성품

2. 돔형 아이싱

1 원형 스펀지 케이크를 제조하여 윗면을 돔형으로 잘라준다.

2 스패튤러를 이용하며 크림으로 아이싱을 한다. 일반적인 아이싱과 비슷하다.

3 두꺼운 필름을 이용하여 돔형으로 아이싱을 마무리한다. 이때 돌림판은 무거운 것을 사용하는 것이 좋다.

07 시퐁형 케이크 아이싱

1. 완성품

1 시퐁 케이크를 3단 슬라이스 하여 시럽을 바른 뒤 크림을 샌드한다.

2 윗면을 아이싱 한 후에 중앙부터 크림을 채운다.

3 옆면을 아이싱한다.

4 윗면을 평탄하게 마무리 아이싱을 한다.

* Tip 스패튤러로 무늬를 내는 경우도 있다. 또는 두꺼운 필름을 U자로 만든 뒤 무늬를
　　　낼 수도 있다.

* Tip 케이크가 가운데(중앙)가 좁을 경우 링 틀을 이용하여 찍어내 크게 만든 후 아이싱
　　　한다.

2. 시퐁형 아이싱

08 위생지 접기 방법

1. 완성품

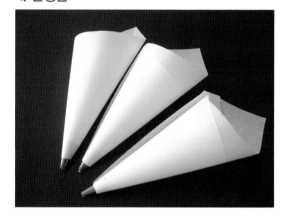

1 위생지는 자를 이용하여 대각선으로 잘라준다.
  매끈한 쪽은 수분에 강하므로 윗면으로 하여
  말았을 때 안쪽이 되도록 한다. ①②

2 다음 삼각형 중심을 눌러 오른손으로 1/4 말아
  중심에 맞춘다. ③④⑤⑥

3 끝까지 말아주고 돌출된 부분을 안쪽으로 접어
  풀리는 것을 방지한다. ⑦⑧⑨⑩

4 미리 접어놓고 사용하며 크림에 수분이 과다할
  경우는 2장을 접어 사용한다.

5 1회용이므로 위생적이다.

* **Tip** 매끈한 쪽이 안으로 들어가도록 접는다.

2. 짤주머니 만들기

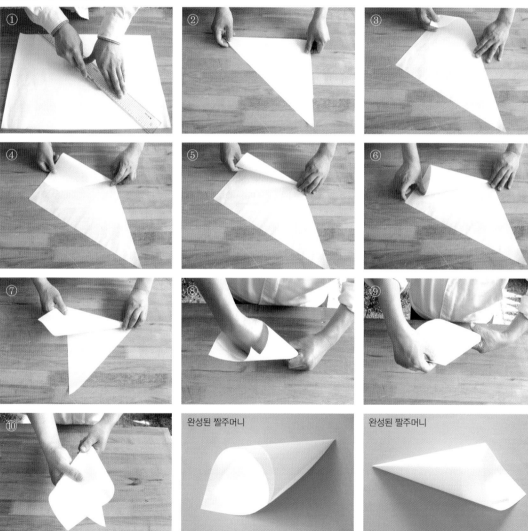

완성된 짤주머니

완성된 짤주머니

위생지 이용 선 짜기 1

1. 완성품

2. 선 짜기

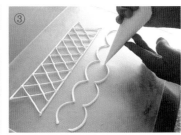

1 데커레이션 기술 중 가장 기초는 선짜기이다. 종이 짤주머니나 비닐 짤주머니에 소형 원형깍지를 넣고 가로 짜기를 한다.

2 사선 짜기도 하여 균형을 맞추어 준다. 어떤 형태이든 응용이 가능하다.

3 위의 직선 짜기가 완성되면 위아래로 곡선짜기를 한다.

⑩ 위생지 이용 선 짜기 2 (직선 짜기)

1. 완성품

2. 선 짜기

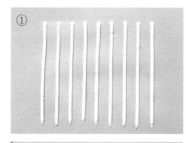

* Tip
〈위에서 아래로 짜기〉
깍지를 살짝 들어 짠다.

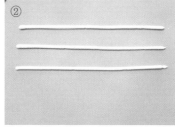

* Tip
〈왼쪽에서 오른쪽으로 짜기〉
어깨를 움직여 짠다.
손만 움직여 짜면
직선 짜기가 어렵다.

1 직선 짜기를 반복하여 힘 조절을 익힌다. 위에서 아래로 짠다.

2 왼쪽에서 오른쪽으로 짜며 균형을 잡는 연습을 한다.

3 하트, 직사각 짜기를 하여 균형감각을 익힌다. 크림의 두께를 달리하여 디자인에 변화를 준다.

* Tip 위생지 이용 선 짜기는 정교한 디자인이 필요한 케이크에 유용하다.

11 위생지 이용 선 짜기 3

1. 완성품

2회 선 짜기

하트를 포인트로
할 경우 선 짜기를
3회 겹쳐짠다.

3회 선 짜기

2. 선 짜기

①

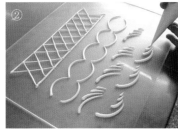
②

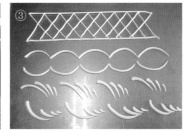
③

1 직선 짜기와 곡선 짜기를 먼
저 연습하고 이후에는 짧게
끊어 짜기를 연습한다.

* Tip 끊어 짜기 연습은 고난이도
의 학이나 백조 등 동물모양
짜기의 기초가 된다.

12 위생지 이용 선 짜기 4 (곡선 짜기)

1. 완성품

2. 선 짜기

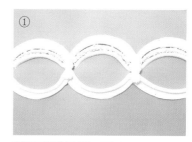

1 ①의 경우 정교한 웨딩케이크 제조시에도 유용한 디자인이다. ③ 압력을 세게주어 짠다.

2 투명 아크릴을 이용하여 바닥에 밑그림을 그려서 그 위에 비치게 하여 곡선짜는 연습을 한다.

3 짤주머니 압력을 세게 주고 곡선 짜기를 한다.

1. 별 모양깍지

2. 완성품

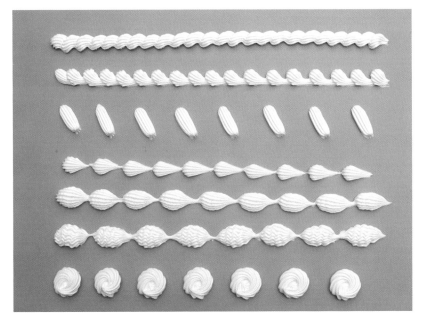

3. 끊어 짜기

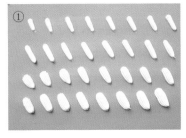

1 올바른 자세로 짜준다.

＊Tip 운동기구 완력기를 이용 힘 조절 연습을 하면 효과적이다.

2 일자 짜기는 바닥면에 붙어서 짠다.

3 원형 짜기는 짤주머니를 직각으로 세워서 짜야 원형이 유지된다.

14 별 모양깍지 사용법 2 (원형 짜기)

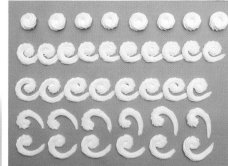

그림 맨위 작은 원형 짜기는 짤주머니를 직각으로 세워서 짜기를 해야 원형 모양이 잘 만들어진다.

(원형 짜기) 1

원형 짜기는 시계방향으로 짜기를 충분하게 연습한 다음 시계반대 방향으로 다시 연습을 한다. 최대한 가까이서 직각으로 짜는 것이 중요하다. 원형 짜기는 케이크 윗면에 자주 사용하는 모양이다.

(원형 짜기) 2

옆 그림은 케이크 아래 면에 짜는 모양으로 실제 짤 때에는 직각이지만 연습할 때는 직각이나 약간 비스듬하게 짜도 상관없다. 아래 그림은 두 번 연속 짜기이나 실제 연습 할 때는 따로 짜서 연습한다. 마지막 단계의 연습에서 연속으로 짜주면 쉽게 기능을 익힐 수 있다.

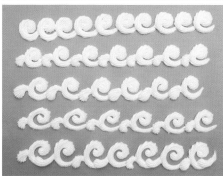

15 별 모양깍지 사용법 3 (덩굴모양 짜기)

1. 완성품

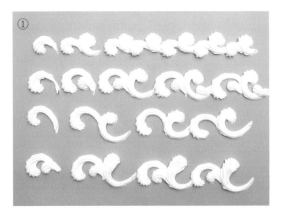

① 맨 위의 디자인은 2회와 4회, 6회 등으로 연속 짜기를 연습한다. 두 번째의 디자인은 4회 연속 짜기이나 실제 연습할 때에는 2회 연속 짜기로 연습해야 쉽게 기술을 습득할 수 있다. 세 번째 부터는 파도형 디자인으로 주로 웨딩케이크에 사용되는 디자인이다.

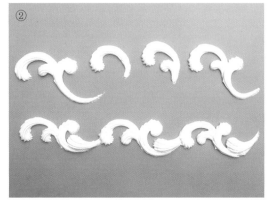

(덩굴모양 짜기)

② 파도형 디자인은 3연속 짜는 디자인이나 실제는 하나씩 짜며 연습한다. 두 번째 순서를 참고한다.

(덩굴모양 짜기)

③ 파도형 모양은 디자인 응용범위가 넓으며 디자인도 좋다. 그러므로 연습할 때는 좌우 대칭으로 짜는 것을 많이 반복해야 한다.

2. 덩굴 모양짜기(실제 케이크에 짜기)

①  ②  ③  ④  ⑤

16 별 모양깍지 사용법 4 (연속 짜기)

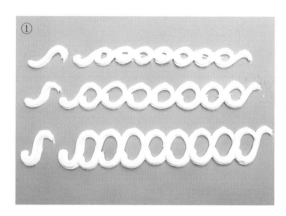

① 일반적인 로프 짜기이나 용도에 따라 크기를 달리하여 짜기를 연습한다. 일반적으로 케이크 높이가 낮을 수도 있고 높을 수도 있기 때문에 높이에 따라 디자인이 다르므로 연습 때 참고한다. 보통 케이크 하단 부분에 크림을 짜줄 때의 높이는 3/5정도로 짠다. 가장 안정감 있는 높이이나 정해진 것은 없다.

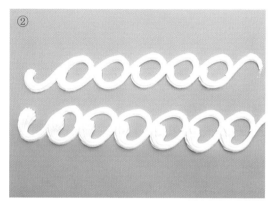

(연속 짜기) 1

②의 디자인은 기초에서 연습한 모양을 응용하여 짠다. 진동하며 짜기를 혼합하면 많은 디자인을 만들 수 있다.

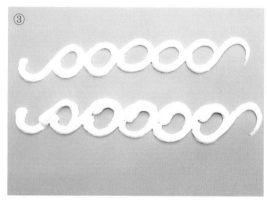

(연속 짜기) 2

③ 일명 S자 짜기에 진동하며 짜기를 한 번 더 짜준 디자인이다.

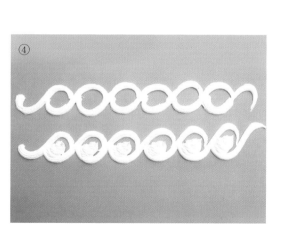

(연속 짜기) 3

④의 디자인은 가운데 빈 공간에 한 번 더 짜주는 모양으로 주로 웨딩케이크의 맨 윗 층에 짜는 디자인이다.

별 모양깍지 사용법 5 (연속 짜기)

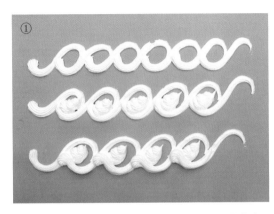

① 기본 짜기에서 응용하여 여러 모양을 디자인할 수 있다. 맨 위 모양부터 1단 짜기, 2단 짜기, 3단 짜기로 할 수 있다.

* **Tip** 디자인이 복잡해지므로 충분한 기본 짜기 연습을 해야만 익힐 수 있는 디자인이다.

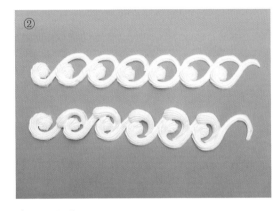

(연속 짜기) 1

② 기본 원형 짜기와 S자 짜기를 결합한 디자인이다.

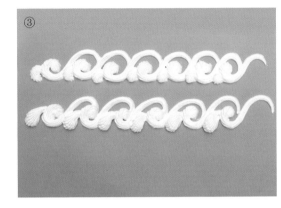

(연속 짜기) 2

③ 위의 디자인은 기본 연속 짜기에 S자 짜기를 연결하여 디자인하였으며 아래의 디자인은 진동 짜기를 추가하였다.

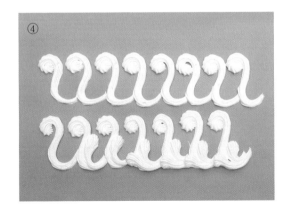

(연속 짜기) 3

④ ③의 모양과 반대로 디자인하였다. 위에서 아래로 짜는 모양으로 높이와 간격을 주며 짜는 것이 쉽지 않다. 연습이 많이 필요한 짜기이다.

별 모양깍지 사용법 6 (하트 모양)

1. 완성품

2. 하트 모양 짜기

1 별 모양깍지를 이용하여 하트 짜기를 연습한다. ①

2 아크릴판을 이용하여 연습하면 쉽게 짤 수 있으며 효과적이다. 색상지에 미리 하트를 그린 다음 연습한다. ②

3 위생지를 이용하여 주름 짜기를 한다. 입구를 작게 잘라 크림이 압력을 세게 받도록 해야 주름이 잘 만들어진다. ③

* Tip 하트 디자인은 응용하기 좋은 디자인이다. 보통 연인들 행사 제품에 많이 사용된다.

19 별 모양깍지 사용법 7 (크라운 짜기 1)

1 기본 짜기에 충실해야 좌우 대칭 짜기를 잘 할 수 있다.

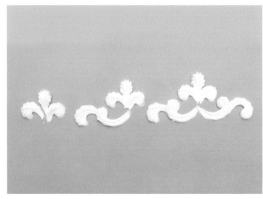

2 물결 또는 덩굴무늬 짜기를 이용한다.

3 대칭이 되도록 짠다.

4 위의 디자인을 반대로 하여 아래 면을 짠다.

5 좌우 대칭으로 짜준 후 아래에서 위로 진동을 주며 짠다. 마무리 짜기는 윗면 디자인과 반대로 하여 짠다.

6 가운데에 크림을 얇게 밀착시켜 짠다. 중앙이 너무 돌출되면 엉성한 디자인이 되므로 주의한다.

20 바구니 모양깍지 사용법

1. 완성품

2. 납작한 깍지 짜기

①

②

③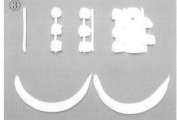

④

⑤

⑥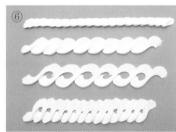

1 로프 짜기와 같은 방식으로 연습한다. 케이크 마무리 시 리본을 짜주면 깔끔한 디자인을 만들 수 있다.

2 별 모양깍지와 동일하게 연습한다. 당초모양과 물살모양으로 연습한다. 큰 케이크에 유용하다.

3 작은 원형깍지를 이용하여 세로 1자를 짠 후 바스켓깍지로 바구니모양을 짜준다.

* **Tip** 용도에 따라 모양깍지를 선택하여 사용한다.

* **Tip** 바스켓 깍지는 웨딩케이크에 많이 사용되는 깍지이다.

21 원형 모양깍지 사용법 1 (원형 짜기, 기본 짜기)

1. 완성품

2. 원형깍지로 짜기

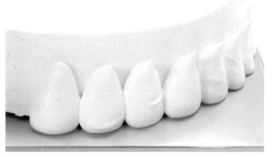

1 짤주머니를 직각으로 하여 같은 크기, 같은 높이로 짜는 연습을 많이 한다.

  * Tip 원형 짜기는 생크림 케이크 제조 시 유용하다.

2 물방울 짜기는 바닥에 대고 짜준다.

  * Tip 시퐁 케이크 디자인에 적당하다.

3 별 깍지 디자인과 유사하게 짠다. 디자인이 큰 케이크에 적당하다.

22 원형 모양깍지 사용법 2

1. 완성품

2. 원형깍지로 이어 짜기

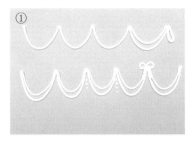

1 원형깍지의 용도는 다양하나 주로 가는 선을 짜서 정밀한 디자인의 케이크를 제조할 때 필요하다.

2 레이스 형태로 짜는 디자인은 웨딩케이크에 많이 쓰인다.

3 크림의 비중이 중요하다. 크림에 공기가 많으면 잘 끊어지므로 크림 제조 시 주의한다.

4 초콜릿으로 코팅한 케이크에 짜면 간결하고 깔끔하다.

23 혼합형 모양깍지 사용법 1 (레몬 모양)

1. 완성품

2. 레몬모양 짜기

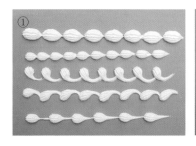

1 별모양깍지를 크기별로 연습한다.

2 진동을 주며 짠다. 물결모양처럼 곡선으로 짠다.

3 곡선을 진동으로 짜준 다음 원형 모양깍지로 마무리한다. 별모양깍지로 마무리해도 된다.

* Tip 정교한 디자인 케이크에 적당하다.

24 혼합형 모양깍지 사용법 2 (진동 짜기)

1. 완성품

디자인이 이어지지 않을 경우
꽃을 짜서 마무리한다.

2. 진동 짜기

①

②
└ 원형깍지

③
└ 잎새깍지

1 진동으로 곡선을 짜준 후 완성된 모양으로 마무리한다.

2 진동 짜기 응용으로 원형깍지를 이용하여 마무리 한다.

3 진동으로 흔들어 짜며 곡선을 만든 다음 잎새 깍지를 이용하여 마무리한다.

* **Tip** 디자인은 케이크의 형태에 맞추어 짠다.

25 혼합형 모양깍지 사용법 3 (크라운 짜기 2)

 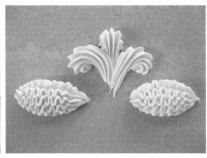

1 크라운 짜기를 이용하여 중앙에 진동짜기로 레몬 모양을 만들어 준다.

2 덩굴모양 짜기로 대칭을 짠다.

3 곡선을 많이 주어 부드러운 모양으로 짠다.

4 마무리는 크라운 짜기와 동일하다. 웨딩 케이크 디자인의 중앙에 짜주면 적당한 디자인이다.

* **Tip** 꽃보다 디자인을 강조할 때 쓰는 방법이다.

26 혼합형 모양깍지 사용법 4 (겹쳐 짜기, 물살 모양 짜기)

1. 완성품

2. 물살모양 짜기

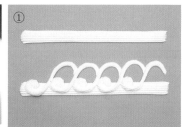

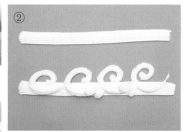

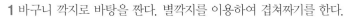

1 바구니 깍지로 바탕을 짠다. 별깍지를 이용하여 겹쳐짜기를 한다.

2 디자인을 달리하여 다양하게 짠다.

3 겹쳐짜기 디자인은 Ø24㎝ 이상 케이크에 잘 맞는 디자인이므로 소형 케이크에는 사용하지 않는다.

27 혼합형 모양깍지 사용법 5 (점선 짜기, 가는 선 짜기)

1. 완성품

〈가는 선 짜기〉

〈점선 짜기〉

2. 가는 선 짜기

1 점선 짜기와 가는선 짜기는 케이크에 시각적 효과를 높이기 위하여 디자인할 때 쓰인다.

2 점을 찍거나 45° 각도로 이어 짜기를 연습한다.

3 원형깍지로 모양을 만든 다음 안쪽에 가는 선으로 짜는 연습을 한다.

4 가는 선은 단독으로 사용하는 것보다 모양깍지를 혼합하여 디자인하는 것이 좋다.

28 혼합형 모양깍지 사용법 6 (레이스 짜기)

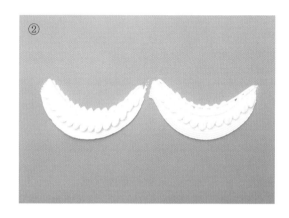

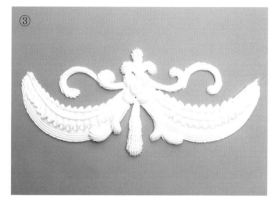

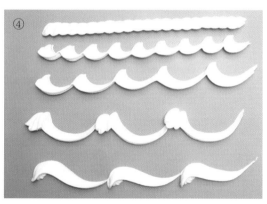

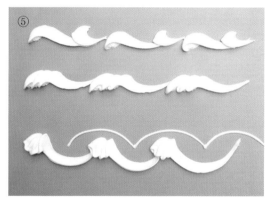

1 레이스 짜기는 웨딩 케이크 등 다양하게 사용되는 디자인이다. 깍지를 45°정도로 하여
　 초승달 모양으로 짜는 것이 중요하다. ①②③

2 깍지의 형태를 잘 이용하는 것이 중요하다. 디자인을 부드럽게 할 때는 무늬가 없는 쪽으로 짜준다.
　 강렬한 무늬가 필요할 때는 톱니가 있는쪽으로 짠다. ④⑤⑥

3 직선 짜기는 사각 케이크에 잘 어울리는 디자인이다.

특수 모양깍지 사용법 1

①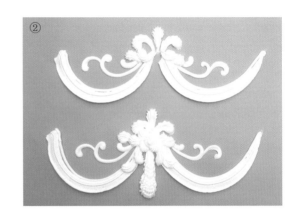

②

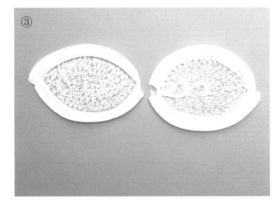

③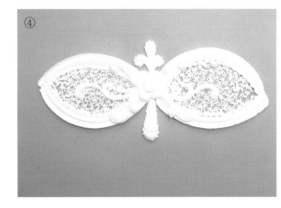

④

1 위의 디자인은 조합형 디자인으로 케이크를 화려하게 장식할 때 필요한 디자인이다.
　다소 시간이 소요되므로 정성이 필요하다.

2 레몬 모양으로 짜는 형태는 케이크 아랫단에 짜서 케이크에 균형을 잡아준다.

3 윗단의 케이크에는 다소 가벼운 디자인을 짜서 케이크에 안정감을 주는것이 중요하다.

* **Tip** 소형 케이크에는 복잡한 느낌을 주므로 주로 대형 케이크에 디자인한다.
　　깍지모양이 정해진 것이 없으므로 자유롭게 선택하여 사용한다.

③⓪ 특수 모양깍지 사용법 2

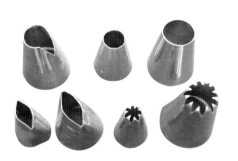

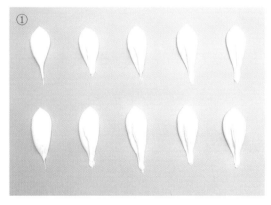

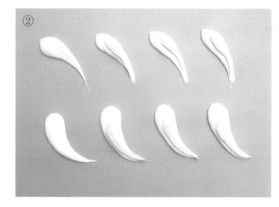

1 위의 깍지는 크림이 많이 사용되는 생크림이나 시퐁 케이크 디자인에 어울리는 모양이다. 버터 케이크
에는 좀더 작게 디자인하는 것이 좋다.

2 케이크에 사용되는 과일이 많은 경우에는 단순하게 짜고 화려한 디자인이 필요할 때는 겹쳐 짜기를 하
여 디자인을 돋보이게 한다. ①②

1 위의 디자인은 초대형 케이크에 잘 어울리지만 소형 케이크에는 적합하지 않다.

2 케이크 데커레이션에서 대형 케이크도 많으므로 반복하여 연습을 한다.
모형케이크 장식에 필요한 디자인이다.

* **Tip** 화려한 모양은 슈거크래프트에 사용해도 잘 어울린다. 케이크 종류가 달라도 서로의 장점을 이용하여 디자인하면 좋은
모양의 케이크를 만들 수 있다.

③② 특수 모양깍지 사용법 4

〈꽃 짜는 깍지 종류〉

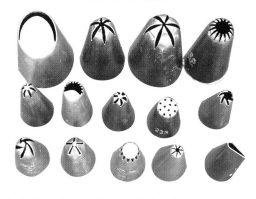

1 위의 깍지는 크롬 도금이 되어있는 수출용 깍지로 주로 꽃을 짜는데 사용한다.

2 소형 꽃을 표현할 때 편리하게 사용한다.

3 크림의 색상에 따라 케이크 분위기가 많이 달라지므로 크림에 색을 적당히 섞는게 포인트이다.

* Tip 로얄아이싱을 이용한 꽃 제조에 많이 사용되는 깍지이다.

* Tip 비닐 위에 짜서 건조시킨 후 통째로 케이크에 장식할 수 있다. 크림으로 짜기 어려운 부분은 건조시킨 꽃 장식을 붙여준다.

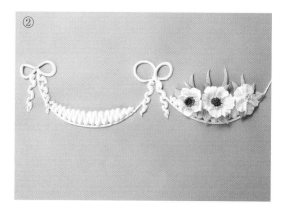

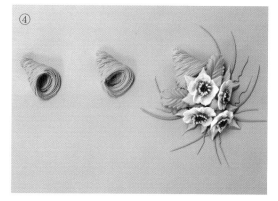

33 장미 모양깍지 사용법 1

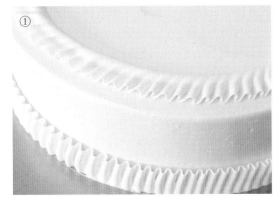

장미 모양깍지는 구입후 바로 사용하는 깍지가 있는가 하면(크롬 도금) 구입 후 크림이 나오는 부분을 조절하는 깍지도 있으므로 목적에 맞도록 구입하는 것이 좋다. 크롬으로 도금된 것은 조절이 안되며 지정된 모양만 짤 수 있어 다소 불편함이 있다. 다만 품질은 우수하다. 크림을 짜는데는 문제가 없으나 기술을 요하는 꽃 짜기에는 불편하다. 그러므로 꽃짜는 깍지를 따로 구입한다.

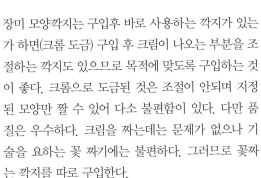

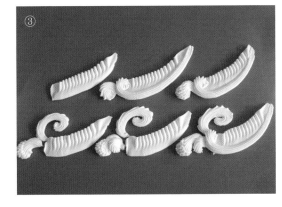

①의 주름 짜기는 깍지를 구입한 그대로 짜주면 된다. 크림이 나오는 부분을 넓게 벌려주면 주름이 잡히지 않는다. ①의 윗면 짜기는 깍지를 적당히 눕혀서 짜며 일정한 힘을 유지하여야 한다.
위의 깍지에서 제일 큰 것 2개는 주름 짜기 전용이 아닌 생크림용이므로 사용시 주의한다.
② 주름 짜기는 깍지를 8~9시 방향에 고정시키고 턴테이블을 돌리면서 짠다.
③의 디자인은 바닥에 투명 아크릴을 깔고 반복적으로 연습한다. 깍지의 각도에 따라 주름잡히는 양이 다르므로 연습을 통하여 충분히 익힌다.

34 장미 모양깍지 이용 무늬짜기

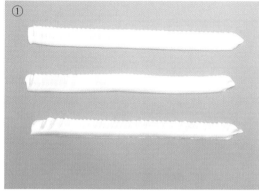
①

②

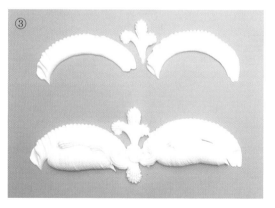
③

④

1 정교한 디자인을 짤 때 필요한 깍지이다. 깍지의 폭이 좁을수록 주름의 간격을 좁게 할수 있으며 크림의 되기에 따라 조절하며 사용한다.

2 사용되는 크림이 되직하면 간격을 넓혀 사용하며, 진 경우에는 좁혀야 주름이 잘 만들어진다.

* Tip 간격을 조정하여 물방울 모양이 되면 장미를 짤수있는 모양깍지가 된다.

등꽃 짜기 1 (버터크림 이용)

1. 완성품

2. 제조공정

1 케이크 크기에 따라 깍지 크기를 선정한다.

2 등꽃은 크림의 되기가 가장 중요하다. 버터 100%를 사용하여 크림을 제조할 때
되기 조절에 주의한다.

3 아크릴 판에서 크림을 충분히 세울 수 있도록 연습한다. 등꽃을 짤 때 포인트는
뒤로 젖히며 짜주는 것이다. ⑤번을 참고하여 연습한다.

* Tip 크림에 색을 넣을 때는 미리 진한 색을 3~4가지 만들고 조금씩 덜어 새 크림에 섞어준다.
단색보다는 2가지 색이 좋고 3가지 색은 번거롭지만 보기 좋은 꽃을 만들 수 있다.

36 등꽃 짜기 2

1. 완성품

1 등꽃의 용도는 소형 장미, 아카시아꽃, 등나무꽃 등 다양하다.

2 1단 케이크에는 케이크 윗면에 바로 짜준다.

3 2단, 3단 케이크인 경우 머랭반죽을 이용하여 비닐에 짠 다음 건조
시키고 크림을 짠 뒤에 1개씩 붙여나간다. ①②③④

* **Tip** 머랭은 수분에 약하므로 전시용(모형) 버터크림 케이크에는 적당하지 않다.

2. 제조공정

37 # 장미꽃 짜기 1 (버터크림 이용)

1. 완성품

A 두꺼운 부분

B 얇은 부분

2. 제조공정

①

②

③

1 장미꽃을 짜기 전에 깍지의 형태를 만들어야 한다. 깍지는 물방울이 떨어지는 형태로 모양을 만든다.

2 물방울 모양으로 만드는 이유는 두꺼운 부분은 장미꽃의 중심을 잡아주고 얇은 부분은 크림의 압력에 의해 웨이브가 잡히며 꽃을 예쁘게 한다.

3 기본 꽃봉오리를 삼각형 형태로 정확히 짜는 것이 중요하다. ①

4 한 방향으로 잡아끌어 짜는 연습을 많이 하면 웨이브 특성을 알 수 있다. ②를 참고한다.

* Tip 장미꽃 짜는 모양깍지는 크기가 클수록 꽃모양이 잘 만들어진다.
작은 깍지로 연습하다 큰 깍지로 바꾸어 연습하면 효과적이다.

38 # 장미꽃 짜기 2 (버터크림 이용)

1. 완성품

ⓐ

ⓑ

1 장미꽃을 단순하게 짤 때에는 위와 같이 꽃받침을 돌려 감아 짜준다.

2 처음보다 간격을 조금씩 벌려주며 짠다. ⓐ

3 위의 돌림 장미꽃은 디자인이 복잡한 케이크나 깔끔하게 아이싱된 케이크에
어울린다. ⓑ

* Tip 단시간에 습득할 수 있는 방식이다. 크림의 간격을 유지하는 기능부터 연습을 많이 한다.
꽃을 이용하여 케이크를 많이 만들어야 기능이 발전한다. 또한 색상을 바꾸어 가면서 연
습한다. 색상은 케이크의 가장 중요한 요소이기 때문이다.

39 장미꽃 짜기 3 (버터크림 이용)

1. 완성품

시작점

1 앞장의 돌림 장미꽃과 한 방향으로 잡아끄는 형태의 꽃을 이용한 형태의 장미이다.

2 강한 이미지를 표현할 때 어울리는 장미꽃이다.

3 줄기도 함께 짜서 분위기를 연출하면 좋다.　**4** 주름을 잡아 짤수도 있다.

* **Tip** 돌림 장미 짜기의 다음 단계이다. 2시 방향에서 깍지를 기울여 짠다.

2. 돌림 장미 짜기

① ②

3. 돌림 장미와 일반 장미 혼합형

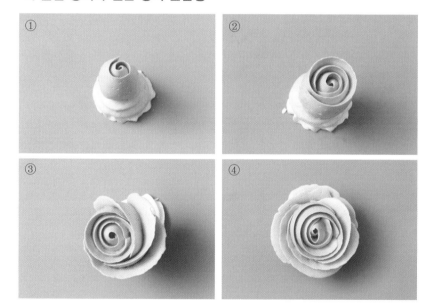
① ②
③ ④

4. 일반 장미 짜기 : 다소 부드러운 분위기에 맞는 장미이다.

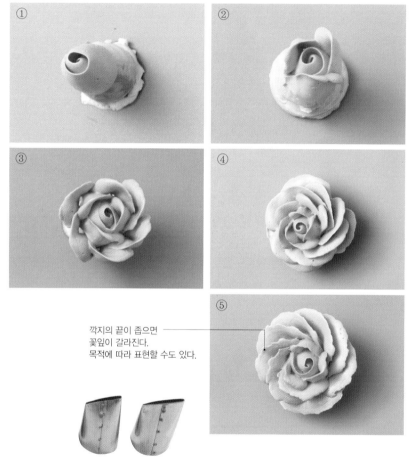
① ②
③ ④
⑤

깍지의 끝이 좁으면
꽃잎이 갈라진다.
목적에 따라 표현할 수도 있다.

* **Tip** 2와 3은 짧은 시간 연습하여 케이크에 장식할 수 있는 장미이다. 에어브러시를 이용하여 착색하기 좋은 방법이다. 크림에 색을 섞지 않고 나중에 색을 착색시키면 원하는 색의 꽃을 얻을 수 있다.

* **Tip** ③의 경우 위에서 보았을 때 바닥이 보일 정도로 공간을 주고 짜는 연습을 한다. 버터크림으로 장미를 짤 때는 공간이 필요없으나 머랭으로 짤 때는 필요하기 때문이다. 머랭으로 짤 때는 크림이 끈적거려서 서로 잘 붙어버리므로 좋은 꽃을 만들기 어렵다. 재료가 바뀌어도 장미를 짜는 데 문제가 없어야 한다.

5. 일반 장미 짜기(대형) : 깍지의 회전수에 따라 꽃의 모양이 달라진다.

6. 돌림 장미 짜기(노랑색) : 색상에 따라 케이크 분위기는 달라지므로 색상 선택을 적절히 한다.

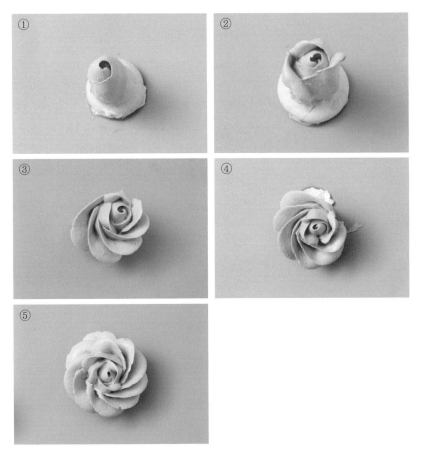

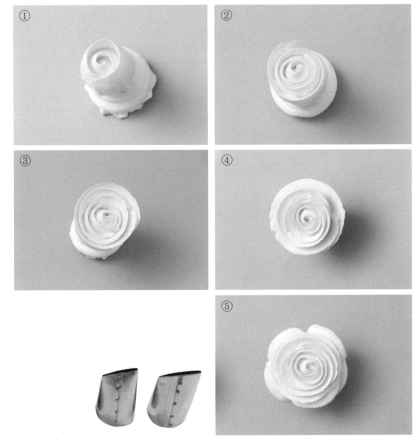

* Tip 일반 장미의 꽃잎 수도 정해진 것은 없다. 깍지의 크기, 크림의 종류, 상태에 따라 결정한다. 기능장 시험에는 꽃잎 수가 정해져 있으므로 목적에 따라 달리 연습한다. 꽃잎 수는 꽃 모양에 영향을 준다. 위에서 꽃을 보았을 때 원형에 가까워야 좋고 옆에서 보았을 때는 양배추 모양이 되어야 좋은 꽃이라 할 수 있다. 꽃을 짜고 다음 단계인 잎새를 짤 때 수월하기 때문이다.

* Tip 장미 꽃을 만들 때 롤의 회전수는 정해진 것이 없으므로 케이크의 크기, 장식, 디자인에 따라 결정한다. 꽃심이 안보이도록 짜야 깔끔한 케이크를 만들 수 있다.

40 카네이션 짜기

1. 완성품

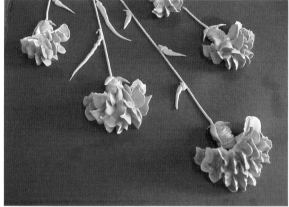

2. 제조공정

1 작은 원형깍지를 사용하여 초승달 모양으로 짠다. ①

2 꽃 짜는 깍지를 이용하여 2가지 색의 머랭으로 꽃의 형태를 짠다. ②

3 크림과 크림 사이의 공간에 계속 짜서 형태를 만든다. ③

4 마지막 짜기에서는 밀었다 당기는 식으로 짜서 꽃의 볼륨감을 주며 짠다. ④

5 다른 원형깍지에 연두색 크림을 담아 약간 길쭉한 모양을 좌우로 약간 흔들어주며 짠다. ⑤

6 어버이날, 스승의날, 생신 케이크 디자인으로 적당하다.

* Tip 비닐을 깐 나무판에 짜서 건조시킨 다음 케이크에 장식하면 더욱 입체감 있는 케이크가 된다.

41 장미 깍지 이용 접시꽃 짜기

1. 완성품

2. 제조공정

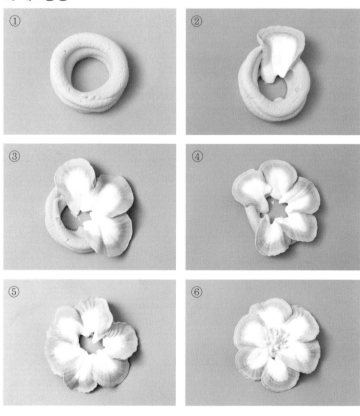

1 약간 된 크림으로 주름을 잡아 짠다.　　**2** 원을 먼저 짠 다음 각을 잡아 짜며 이때 진동을 주어 주름을 만든다.

3 냉동실에 10분 얼린 다음 꽃술을 짜고 에어브러시로 색을 입힌다.　　**4** 깍지의 폭을 좁혀서 짜는것이 중요하다.

* Tip　위의 방법으로 에델바이스, 팬지, 수선화 등 여러 가지 꽃에 응용할 수 있다. 화려한 색상이 필요하면 에어브러시로 마무리한다.
　　　　꽃받침(도구)에 비닐을 깔고 머랭으로 짜도 된다.

42 장미 깍지 이용 줄장미 짜기

1. 완성품

2. 장미꽃 짜기(들장미)

①  ②

③  ④

3. 나뭇잎 짜기

⑤  ⑥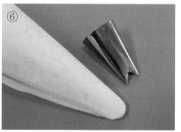

1 꽃받침 없이 짜는 장미이며 케이크 위에 바로 짠다.　　**2** 크림을 원형으로 두툼하게 짠다. ①　　　**3** 들꽃과 비슷하게 처음 3장을 짠다. ③

4 이후에는 장미짜는 방식으로 돌려 짜기를 한다. ④　　　**5** 나뭇잎은 ⑤와 같이 모양을 만들어 짠다. 가위를 사용하여 2번 잘라준다. ⑥

* Tip 잎새 색상은 초록 5 : 노랑 2 정도의 비율로 색상을 조절한다. 노랑색이 많을수록 연두색이 된다. 케이크에 짤 때는 크림을 2색으로 넣고 짜야 색상이 보기 좋다.

43 연꽃 깍지 이용 (연꽃 짜기, 국화 짜기)

벌려준다

일반 짜기

받침을 이용한 짜기
(입체감이 필요할 때 사용한다)

2. 제조공정

1 연꽃 깍지나 국화 모양 깍지는 톱모양을 벌려서 크림이 많이 나오도록 조정하는것이 중요하다. 그렇지 않으면 크림으로 꽃을 짤 때 쓰러져 버리기 때문이다.

2 아크릴판에 원을 그리고 크기에 맞추어 국화모양 또는 연꽃을 짠다.

3 꽃모양이 수평이 되도록 공간을 주며 짜는 것이 포인트이다.

＊ Tip 꽃잎 수에 따라 연꽃도 되고 국화도 될 수 있다. 연잎은 꽃받침(도구)에 비닐을 깔고 꽃받침을 돌려가며 원형으로 짠다. 에어브러시로 그라데이션하거나 크림을 3가지 색으로 짠다.

머랭을 이용한
웨딩 케이크 만들기

웨딩 케이크 디자인 짜기

1. 완성품

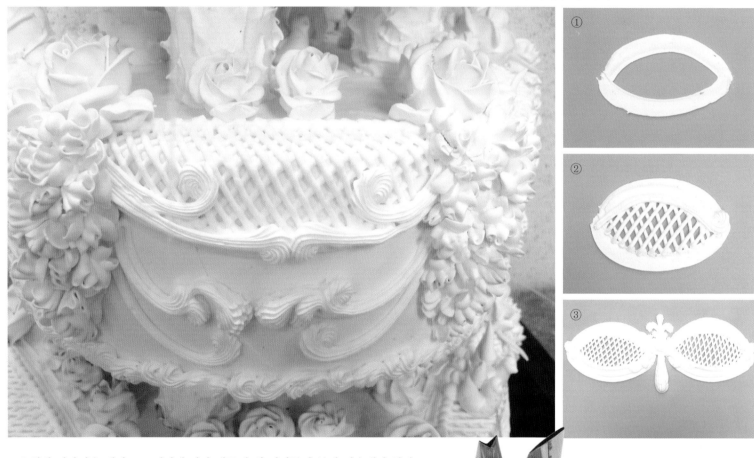

2. 격자무늬 짜기

①

②

③

1 위의 디자인은 케이크 모서리에 짜기 때문에 선 짜기를 충분히 연습해야 한다.

2 무늬가 없는 깍지로 초승달 모양을 짠 뒤에 선 짜기를 하면 수월하다. ①②

3 선 짜기가 완성이 되면 별 모양깍지를 이용하여 지저분한 모양을 가려주며 짠다. ③

45 웨딩 케이크 디자인 (3단 짜기)

1. 완성품

2. 3단 짜기 순서

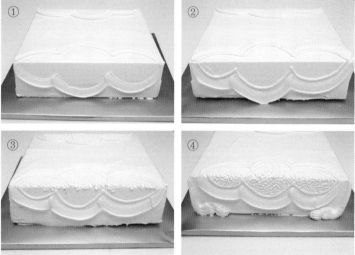

① ② ③ ④

1 옆의 디자인은 가는선 짜기를 참고하여 디자인한다.

2 원형과 사각 등의 케이크를 디자인 할 때는 밑그림을 그려준 다음
짠다. 숙련이 되면 바로 짜도 간격이 일정하다.

3 꽃장식을 중앙에 할 경우 각 모서리에 크림을 짜서 마무리한다.

* Tip 웨딩 케이크에서는 크림 디자인보다 꽃을 잘 만들어 장식하는것이 더욱
케이크를 돋보이게 한다.

* Tip 꽃 색상이 지나치게 진하거나 어두운 색이면
케이크 전체 디자인을 망치게 되므로 주의한다.

46 웨딩 케이크 디자인

1. 완성품

2. 초승달 모양짜기

1 바스켓 깍지를 이용하여 밑단을 초승달 모양으로 2단을 짠다. ①

2 로프형으로 덧대어 2단짜기를 한다. ②

3 원형깍지를 이용하여 마무리한다. ③

* **Tip** 모형 케이크에 짜기 연습을 충분히 한다.

* **Tip** 좌우로 장식된 꽃은 타레 난초라 하며 줄기는 드롭 플라워 반죽을 이용한다.

웨딩 케이크 디자인

1. 완성품

2. 꽃 짜기

1 웨딩 케이크 디자인은 각단마다 다른 디자인을 짤수도 있으나 한가지 디자인으로 3단이나 4단을 만들어도 무방하다.

2 모양깍지로 크림을 많이 짜는 것은 바람직하지 않을 때도 있으므로 디자인에 따라 크림 양과 디자인 크기를 조절한다.

3 크림을 적게 짜는 점선 짜기의 경우는 꽃을 크게 짜서 포인트를 주는 것이 중요하다. 그렇지 않으면 케이크가 허술하게 보이기 때문이다.

웨딩 케이크 제조기술

머랭 만들기

배합표 계란흰자 100%, 설탕 160%, 분당 15%

제조공정

1 기름기 없는 볼에 흰자와 설탕을 섞는다.

2 80~100℃의 물에 중탕하여 저어주면서 68℃로 만든다.

3 고속으로 믹싱(믹서 3단)을 하여 튼튼한 머랭(100%)을 제조한다.

4 체질한 분당(슈거파우더)를 넣고 나무주걱으로 섞는다.

* Tip 많은 양을 제조하여 사용할 때에는 젖은 광목 또는 비닐을 덮어 건조되는 것을 방지한다.

48 머랭 웨딩 케이크 만들기 1

1 스티로폼을 재단하여 모양을 만들고 머랭으로 아이싱을 한다. 아랫단부터 하나씩 머랭을 아이싱하고 머랭으로 모양을 짠다. 바구니와 장미깍지가 혼합된 모양깍지와 원형깍지를 이용한다.

2 모양을 짤 때는 꽃을 장식할 위치를 미리 정해 놓고 모양을 짜는 것이 중요하다. 또한 케이크 받침의 다리 위치를 정확하게 잡아주어야 균형미 있는 케이크를 제조할 수 있다.

3 따로 따로 제조하여 전체 케이크를 결합하고 균형이 맞는지 확인한 후에 다음 작업으로 넘어간다. 여기에서는 스티로폼이 사용되어 머랭을 바른 후 머랭이 마르면 깨어지기 쉬우므로 마르기 전에 케이크를 결합해야 된다.

49 머랭을 이용한 웨딩 케이크 2 (사각 디자인)

1. 완성품

2. 준비물

사각 스티로폼, 케이크 받침 다리,
별 모양깍지, 황색, 초록색 색소

3. 제조공정

1 케이크에 아이싱을 하고 바스켓 깍지로 밑단을
짠다. ①

2 케이크에 크림으로 디자인을 짜고 모서리에 크림
을 짠다. ②

3 준비된 꽃을 1개씩 붙여준다. 꽃은 위에서 아래
로 구도를 잡아 붙인다. ③

4 중앙에 꽃을 채워준다. ④

5 윗단에 신랑 신부를
장식하고 마무리한다. ⑤⑥

머랭을 이용한 웨딩 케이크 3

1. 완성품

2. 준비물

머랭배합 : 흰자 100%, 설탕 160%, 분당 15%

* 선택사항 : 주석산 크림 0.5%

* **Tip** 흰자와 설탕, 분당 양은 조절가능

* **Tip** 사진의 3개 모델은 장식용으로 제작된 것임.
보관은 2~3년 정도 보관할 수 있어 장식용으로
유용하다.

3. 소형 꽃장식 짜기

1 여기에 사용된 모양은 스티로폼에 머랭을 아이싱 한 것이다. 머랭 아이싱이 거칠 때에는 스패튤러를
따뜻한 물에 데워 사용하여 매끈하게 만든다. ①

2 머랭에 황색 식용색소를 조금 타서 색을 들인다. 다른 각종 깍지를 이용하여 디자인을 한다.

3 냉각 팬에 비닐을 깔고 소형 꽃(스위트피)을 짜주고 60℃ 이하 오븐에서 2~3시간 건조시킨다.
②③④⑤

4 꽃을 장식할 자리에 머랭을 포도송이처럼 짠 다음 위에서 아래로 꽃을 붙여준다.

5 윗단보다 아랫단에 꽃장식을 많이하여 균형을 맞추어 준다. 인형을 위에 얹어 마무리 한다.

초콜릿 장미 케이크 초콜릿 장미 만들기(1-1)

머랭만들기

배합표

흰색장미 : 화이트초콜릿 100%, 물엿 45%, 카카오버터 10%, 슈거파우더 소량

초코장미 : 다크 초콜릿 100%, 물엿 50%, 카카오버터 8%, 코코아 분말 소량

제조공정

1 초콜릿을 중탕으로 45℃까지 녹여준 다음 34℃로 내려준다.

2 카카오버터는 중탕으로 50℃까지 녹여 1에 넣고 섞는다.

3 물엿을 2에 넣고 섞어 준 다음 냉철판에 비닐을 깔고 부어준다. 냉장고에서 수시간 굳힌 다음 사용한다.

4 화이트반죽은 체질한 슈거파우더로 되기를 조절한 다음 사용하며, 초코반죽은 코코아 분말로 되기를 조정한다.

* Tip 실내온도에 따라 되기 조절용 파우더 사용량이 달라지며, 과량 사용시 반죽이 건조되어 꽃잎이 갈라진다.

51 초콜릿 장미 만들기 1 (화이트 그라데이션)

1. 제조공정

①

②

③

④

⑤

⑥

⑦

초콜릿 그라데이션

2중색 만들기

적색 그라데이션

1 1kg의 초콜릿 프라스틱을 2가지 색상으로(흰색, 검은색) 제조한다.

2 검은색 반죽에 흰색 반죽을 넣어 주며 3~4가지 색을 만든다. 그라데이션(gradation)을 한다. ①

3 흰색 반죽 일부를 잘라 장미꽃 심을 제조한다.

4 흰색 반죽 일부를 잘라 준 다음 비닐을 이용하여 밀어 펴준다. 밀어 펼때는 끝을 얇게 밀어준다. 그래야 둔탁한 느낌이 없다.

5 첫장의 꽃잎을 붙여 줄 때에는 꽃심이 보이지 않도록 한다. 한 장씩 붙일 때마다 밑면을 눌러 퍼지는것을 막는다. ③④

6 화이트반죽은 초코반죽보다 잘 녹으므로 작업을 빨리 하는 것이 좋으며 작업대는 차가운 대리석이 적합하다. 슈거파우더를 적정하게 사용하거나 작업실 온도를 낮게 설정한 다음 제조한다.

7 꽃 크기에 따라 그라데이션을 달리한다.

8 식용색소를 이용하여 원하는 색으로 꽃을 제조한다.

초콜릿 장미 만들기 2 (나뭇잎)

1. 완성품

나뭇잎 만들기

1 초코반죽을 비닐에 싸서 밀어편다. ①

2 지름 8cm 정도 원형틀로 찍어낸다. 반죽을 굳혀서 바로 찍어내도 무방하다. ②

3 찍어낸 반죽을 비닐에 넣고 거칠은 부분을 부드럽게 만든다. ④

4 마지팬스틱으로 자국을 내어 잎새 모양을 만든다. ⑤

3. 장미꽃 만들기

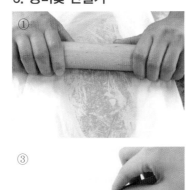

〈마지팬 스틱〉

53 초콜릿 장미 만들기 3 (케이크)

1. 완성품

3. 제조공정

케이크 만들기

1 초콜릿 스펀지에 버터크림을 아이싱하여 가나슈를 코팅한다.

2 초코쿠키를 제조하여 케이크 옆면에 붙인다. ①

3 꽃을 놓을 위치를 정하고 장식한다. ④

4 용도에 따라 장식하며 싸인판이 있는 경우 꽃 위치를 변경하여 준 다음 장식한다.

5 초콜릿을 템퍼링 하여 각종 악세서리를 만들어 장식하면 더욱 좋은 제품을 제조할 수 있다.

1. 완성품

ⓐ

ⓑ

ⓒ

ⓓ

2. 장식품 만들기

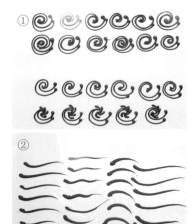

①

②

1 ⓐ는 냉각팬에 비닐을 깔고 초콜 릿을 템퍼링하여 원을 2회 짜준 디자인이다.

2 ⓑ, ⓒ는 초콜릿 줄기를 짜서 장 식한 것이다. ⓑ의 경우는 케이 크 옆면에 초코 핑거쿠키로 마 무리 하였으며 ⓒ의 경우는 옆 면을 쿠키로 장식하였다.

3 ⓓ의 경우는 케이크를 돔형으로 제조하고 옆면을 초콜릿 사브레 로 장식하였다.

1. 완성품

밀크 피스톨레를
해도 좋다.

3. 제조공정(수작업)

배합표(쿠키)

박력분 100%, 버터 100%, 설탕 100%, 계란흰자 70%
코코아 사용시 3~5% 사용

1 버터를 부드럽게 만들고 설탕을 넣어 믹싱한다. 흰자를 4회에 나누어 투입하며 믹싱한다(단 거품이 적게 나도록 한다).

2 체질한 박력분을 넣고 거품기로 매끈하게 저어준다. 휴지는 약 30분 정도 준다음 사용한다(설탕입자가 없을때 사용한다).

3 원형깍지를 이용하여 두께는 약 0.2cm, 지름 4cm 정도로 짠다. ①②

4 180℃ 오븐에서 8분 정도 구워 뜨거울 때 장미를 만든다. ③④

* Tip 장미 만드는 법은 일반적인 장미 만드는 법과 동일하므로 참고한다.

ⓐ : 모카케이크 디자인 ⓑ : 헤즐넛 초콜릿 코팅 디자인 ⓒ : 가나슈 이용 디자인

56 초코쿠키 케이크

1. 완성 컷(롤케이크 모양)

2. 제조공정

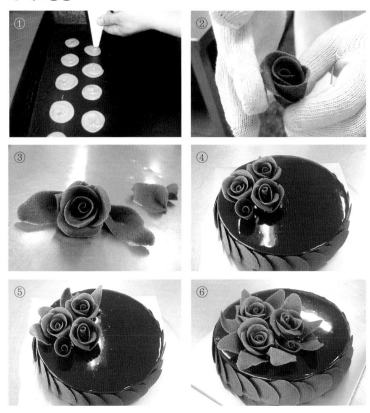

〈원형 완성품〉

가나슈 코팅 디자인

초코쿠키로 장미 제조시 쉽게 부서지는 경우가 있다. 이때는 오븐의 윗불을 200℃로 상향 조정하여 꽃을 제조하면 잘 만들어 진다. 초코 이외의 반죽도 같다. 나뭇잎은 실리콘틀을 이용하여 찍어도 좋다.

57 마지팬 꽃 만들기

1. 마지팬 꽃을 이용한 케이크

2. 꽃 만들기

1 마지팬 꽃은 81p를 참고한다.

2 마지팬이 끈적거릴 경우는 슈거파우더를 체질하여 혼합한다. 되기는 본인이 정한다.

3 코코아를 사용하여 초콜릿 마지팬 꽃을 만들 수 있으며 각종 색을 입혀 컬러로 만들어도 좋다.

4 케이크 분위기에 맞게 색을 조절하는 것이 가장 중요한 포인트이다.

하트형 케이크 만들기 1

1. 완성품

1 하트모양 스펀지에 생크림 또는 버터크림으로 아이싱을 한다. ①

2 무늬가 있는 바구니 깍지로 밑면을 짠다. ②

3 무늬가 없는 반대쪽으로 하여 케이크 윗면을 짜준다. ③④⑤

4 안쪽에 원형깍지를 이용하여 하트 모양을 짠 다. ⑥⑦⑧

5 위생지를 접고 크림을 담아 원형깍지 주위를 짜준다. 압력을 세게 주어야 주름이 잡힌 크림이 나온다. ⑪

6 꽃을 장식하고 잎새를 짜서 마무리한다. ⑩

* **Tip** 하트 디자인을 2단, 3단으로 제조하면 웨딩케이크 를 만들 수 있다.

2. 제조공정

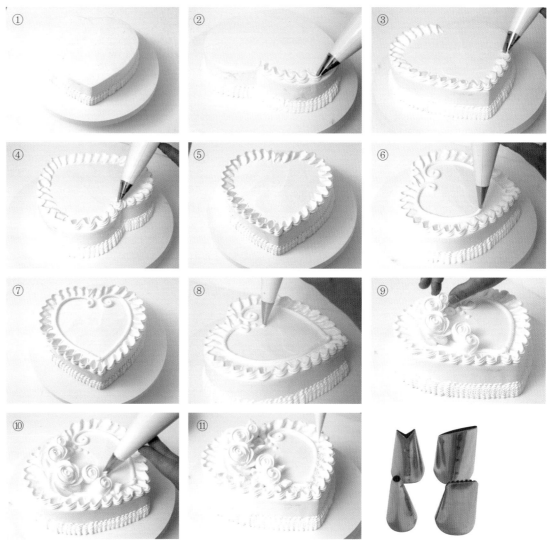

59 하트형 케이크 2 (돔형)

1. 완성품

2. 제조공정

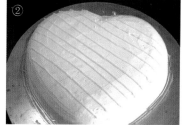

1 하트형 스펀지를 돔형을 깎아준다. ①

2 케이크 윗면에 가는선 짜기를 하고 케이크 받침에 옮겨 놓는다. ③

3 꽃을 준비하고 케이크는 냉동실에 잠시 얼린다.

4 장미꽃을 장식하고 잎새를 짠다. 사인판을 이용하여 글씨를 쓴 다음 장식한다. ④

* **Tip** 케이크를 냉동실에 얼리면 꽃 장식할 때 가는 선이 망가지는 것을 막을 수 있다.

생크림 케이크 만들기 (학생작품)

1 케이크는 축하의 의미로 사용됨으로 가급적 밝게 만드는 것이 바람직하다. 식감이 떨어지는 재료는 적게 사용한다.

2 생크림 케이크 등 여러 케이크에 은단 같은 장식품은 사용을 하지 말아야 한다.

3 생크림에 사용되는 생과일을 너무 얇게 썰어 장식하면 쉽게 건조되어 모양이 변형되므로 주의 한다.

4 생크림을 오래 작업하는 것은 바람직하지 않다. 생크림이 건조해지거나 푸석해지기 때문이다. 초콜릿을 톱칼로 가루를 내어 뿌려주는 것이 좋다.

60 모양깍지 사용법 (생크림 짜기)

1. 완성품

1 직선 짜기를 할 때는 가슴을 중심으로 위에서 아래쪽으로 짜는 것이 바람직하다. ①

2 케이크 윗면에 칸을 짜서 넣을 때에는 크림이 겹쳐지지 않도록 주의하며 짜는 것이 중요하다. 선이 겹치면 디자인이 투박스럽기 때문이다. ②③

3 회오리 모양을 짤 때는 크림 양이 많은 쪽이 바깥으로 향하게 짠다. 이것은 케이크에 안정감을 주기 위함이다. ④

4 칸을 넣어 줄 때에는 연속으로 짜주지 말고 +형태로 짜준 다음 빈칸을 채워나간다. ①②③

5 그림과 같은 방법으로 짜야 균형미 있는 케이크가 된다.

* **Tip** 제조공정의 케이크 짜기는 생크림 케이크 디자인이다. 대개 크림의 볼륨감을 살리고자 하는 케이크에 사용한다.

2. 장식 순서

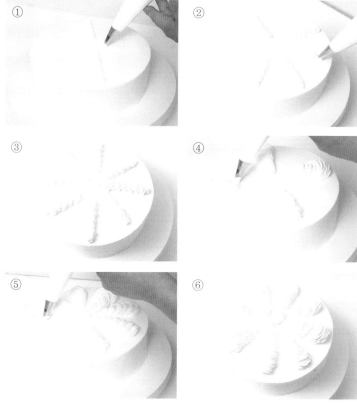

① ② ③ ④ ⑤ ⑥

생크림 케이크 만들기 1

1. 완성품

2. 줄무늬 크림 장식 만들기

 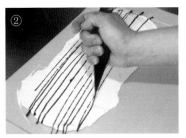 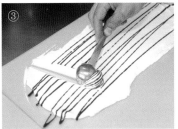 

1 생크림 디자인은 기본 디자인을 많이 이용하고 특수한 모양은 15cc 계량 스푼을 이용한다.

2 스푼으로 크림을 떠서 케이크 위에 장식하고 과일을 이용하여 마무리한다. ⓑⓒ

3 광택제(미루아) 와 녹차가루, 과일퓨레를 이용하여 무늬를 짤수도 있다. ①②③④

62 생크림 케이크 만들기 2

1. 완성품

3. 테두리 장식

1 생크림 케이크는 고객의 취향에 따라 단순하게 만들수도 있으며 디자인을 강화할수도 있으므로 양쪽 다 충실하게 연습한다.

2 단순 디자인은 1cm 이상의 원형깍지를 이용한다.

3 초콜릿, 슈 등 다양한 장식물을 이용해도 좋다.

4 디자인을 하지 않고 과일만으로 장식해도 되므로 고정관념을 버리고 케이크를 장식한다.

63 생크림 케이크 (돔형)

1. 완성품

⟨생크림⟩ ⟨버터크림⟩

2. 돔형 아이싱

1 케이크를 돔형으로 잘라준다. ①

2 무거운 턴 테이블을 이용하여 크림을 아이싱한다. ②

3 두꺼운 필름을 C자로 꺾어서 마무리 아이싱을 한다. ③

* **Tip** 필름으로 점을 찍어 디자인해도 좋다.
돔형은 생크림, 버터크림 등으로 다양하게 만들 수 있다.

시퐁 케이크 만들기 1

1. 완성품

2. 시퐁 아이싱

1 시퐁 케이크도 일반 케이크 아이싱과 유사하나 가운데 원이 하나 더 있어 아이싱 할 때 꼼꼼하게 해야 하므로 많은 연습이 필요하다.

* Tip 생크림에 물엿을 첨가하여 짜면 보습효과가 크다.

65 시퐁 케이크 만들기 2

1. 완성품

1 ⓐ의 경우 아이싱을 하고 원형깍지를 이용하여 단순하게 디자인한다. 각종 초콜릿을 이용하여 장식한다(기성품을 이용하면 편리한 점은 있다).

2 ⓑ의 경우는 과일 장식을 빼고 초콜릿을 장식하면 보존기간을 연장시킬수 있다(신선한 맛은 없다).

3 생크림을 아이싱 하고 스패튤러 끝에 생크림을 묻힌 다음 케이크 옆면에 찍어준다. 이때 생크림의 믹싱은 80% 정도로 하여 끝이 따라오게 한다. ⓒ의 디자인이 이에 해당된다.

4 ⓓ의 경우 일반 케이크처럼 만들어도 된다.

66 시퐁 케이크 만들기 3

1. 완성품

2. 소용돌이 무늬장식

1 모양깍지를 마름모 형태로 만들어 짠다. ①

2 간격을 유지하며 짠다. ②

3 옆면을 마카롱으로 장식한다. ⓐ

4 코코아 분말을 이용하여 윗면을 장식한다. ⓐ

* Tip 시퐁은 깔끔하게 디자인 할때 쓰이는 방법이다.

5 ⓑ의 경우 시퐁으로 생일 케이크를 제조한 것이다.

67 케이크 만들기 정사각 타입

1. 완성품

ⓐ

2. 제조공정

①

③

1 사각 케이크는 디자인 하기가 까다롭다. 아이싱도 어렵지만 제품의 디자인을 단순하게 하면 쉬울수도 있는 케이크이다.

2 아이싱을 하여 밑단을 짜준다. ①

3 크림으로 장미를 짜서 장식하고 줄기와 잎새를 짜서 완성시킨다. ⓐ

4 바구니 깍지로 윗면 모서리에 로프를 짜준다. 안쪽에 원형깍지로 선을 짠 다음 꽃으로 마무리 해준다. ②ⓐ

5 아크릴 판에 디자인 연습을 꾸준히 해야 좋은 제품을 만들 수 있다. ③

<u>68</u> 케이크 만들기 (엔젤푸드 타입)

1. 완성품

1 엔젤푸드 케이크 형태는 아이싱이 어려우므로 초콜릿이나 가나슈로 코팅하여 디자인 하는것 이 좋다.

2 초콜릿 꽃은 81p 참고

3 가나슈 코팅 후 초콜릿을 가늘게 짜주는 방법 도 있다. ⑨⑩

4 케이크 옆면은 가나슈로 짜주고 각종 장식물로 밑단을 마무리 한다. ⑩

5 장미를 장식한다. ⑪⑫

2. 초콜릿 꽃 장식

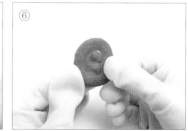

69 생일케이크 만들기

1. 완성품

간격

1 다용도 생일 케이크를 제조하기 위해서는 많은 연습이 필요하다.

2 장미 모양깍지를 이용하여 원형 주름잡기 연습을 해야 한다.

3 장미를 돌려 짜기를 하여 냉각판에 올린 후 냉동시켜 놓는다.

4 깍지①의 간격을 좁혀두고 버터크림으로 원형 주름을 짠다.

5 냉동실에 살짝 얼린 다음 코팅용 화이트 초콜릿을 부어 굳힌다.

6 얼린 장미를 장식하고 잎새를 짜고 마무리한다.

* Tip 깍지의 간격에 따라 꽃의 모양이 달라진다. 간격이 좁을수록 꽃짜기가 어렵다.

70 케이크 만들기 (바구니 타입)

1. 완성품

1 바구니 타입 케이크는 공이 많이 들어가는 디자인으로 시간적 여유가 있을때 만드는 디자인이다.

2 디자인은 여러 형태이므로 분위기에 맞추어 케이크를 만든다.

3 디자인이 복잡하므로 윗면의 장식은 깔끔하게 하는 것이 중요하다.

4 화려한 케이크 제조시에는 윗면을 꽃으로 가득 채워 장식한다.

1. 완성품

2. 격자무늬 짜기

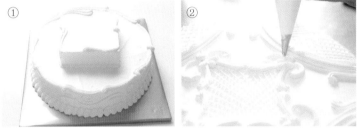

1 케이크를 아이싱한 다음 2단으로 만든다. 초콜릿 코팅할 경우 따로 아이싱을 하고 초콜릿을 코팅한 다음 초콜릿이 굳으면 2단으로 만든다. ①

2 화이트 초콜릿 꽃을 이용할 경우 디자인은 단순하게 짠다.

3 꽃을 장식하여 마무리 한다.

4 코팅을 안하는 케이크는 2단으로 만든 다음 크림을 짠다.

5 스위트피 꽃이나 머랭꽃으로 장식하여 마무리 한다.

72 케이크 만들기 (크리스마스 타입)

1. 완성품

2. 집 모양 만들기

① 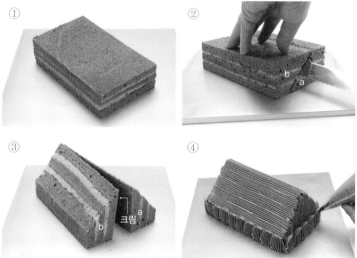 ②

③ ④

1 철판 크기의 스펀지를 4등분한다. ①

2 케이크를 4단 샌드한다. ①

3 그중 1개를 톱칼을 이용하여 사선으로 잘라준다. ②

4 이것을 서로 반대로 붙여서 집 모양을 만든다. ③

5 버터크림이나 가나슈를 짜서 지붕을 만든다. ④

6 초콜릿과 산타로 마무리 한다.

* **Tip** 생크림의 색상은 가나슈로 만들어 준다.

1. 완성품

버터 크림을 이용한 노엘 케이크

가나슈를 이용한 노엘 케이크

2. 제조공정

1 일반적인 롤케이크를 기존 두께의 2/3정도로 작게 하여 말아주고 칼로 잘라서 통나무 형태로 만들어서 조립한다. ①

2 다음 초콜릿 버터크림으로 아이싱을 한다. ②

3 가나슈를 제조하여 되기를 조절하여 짠다. ③④⑤

4 크림을 원형깍지에 담아 나무 나이테를 짠다. ⑥⑦

5 종이 깔대기에 연두색 버터크림으로 줄기를 짜서 장식하고 나뭇잎새를 짠다. 보라색 버터로 점을 짜서 꽃 분위기를 낸다. ⑧⑨

6 미리 만들어 놓은 산타와 사슴, 버섯을 장식한다. 싸인판을 올려 마무리하기도 한다. ⑩

74 초콜릿 케이크 (피스톨레 이용)

1. 완성품

초콜릿 케이크는 어린이날, 발렌타인 데이, 생일 등 다양하게 쓸 수 있는 케이크이다. 화려하게 할 수도 있으며 차분한 분위기로도 만들 수 있다. 제품 제조시 시간이 많이 걸리는 것이 단점이다.

2. 제조공정

1 초콜릿 스펀지에 초콜릿 버터크림을 아이싱하여 냉동실에 얼린다. ①

* **Tip** 피스톨레용 초콜릿은 초콜릿 75%에 카카오버터 25% 정도이며 기계 분사력에 따라 비율이 다르다.

2 초콜릿을 분사하여 피스톨레 한다. 크림이 녹기 전에 초콜릿을 뿌리는 것이 중요하다②

3 냉동판에 비닐을 깔고 초콜릿을 부어 굳힌 다음 하트 틀로 찍어내어 조립하고 초콜릿을 뿌려준다. 여러 가지 초콜릿을 제조한다. 이때 부채 모양의 초콜릿도 제조. ③④⑤⑥

4 초콜릿을 넣은 상자를 올려놓고 케이크 옆면은 가나슈를 이용하여 초콜릿을 붙여준다. ⑦

5 초콜릿 상자 옆에 가나슈를 짜주고 미리 만들어 놓은 초콜릿 악세사리를 장식한다. 디자인에 따라 꽃을 만들어 장식하면 더 화려하게 만들 수 있다. ⑩

1. 완성품

1 백일 케이크에 백조를 장식하고자 할 때는 버터크림으로 충분히 연습을 한 다음 슈 반죽을 이용하여 몸통과 머리, 날개를 짠 다음 굽는다.

2 슈크림을 2등분하여 생크림을 짜 넣는다. 스완슈를 참고하여 백조를 완성한다.

76 연꽃 케이크 제조 (생신 케이크)

1. 완성품

준비물
① 버터크림, 식용색소(적색, 황색, 녹색) ② 에어브러시 도구
③ 장미 모양깍지, 연꽃깍지, 원형깍지

1 케이크를 아이싱하여 윗면을 버터크림으로 주름 디자인을 하고 화이
   트초콜릿을 부어 굳힌다. ①

2 주변에 작은 꽃을 짜주고 꽃받침에 버터크림으로 연꽃을 짠다. ③

3 냉동실에 얼린 다음 에어브러시를 해주고 꽃술을 짠다. ④⑤⑥

4 케이크 위에 장식을 하고 주변 장식을 한다. 여러 가지 방법으로 변화
   를 줄 수 있다. ⑦⑧

5 작업성을 개선하기 위해 머랭으로 꽃을
   제조하여 장식하는 방법을 사용하면 효
   과적이다.

2. 연꽃 만들기 (에어브러시 이용법)

연꽃 케이크 3단 만들기(회갑 케이크, 에어브러시 이용)

1. 완성품

1 스펀지 케이크에 버터크림을 아이싱 한다. 조건에 따라 생크림으로 하여도 좋다.

2 기본적으로 필요한 바탕색을 에어브러시를 사용하여 색을 입혀준다.

3 파레트 나이프로 산을 만들어 준다음 소나무 줄기를
버터크림으로 짜준다. ①②

4 버터크림으로 학을 종류별로 짜고 폭포를 그린다. ③

5 잎새를 짜서 마무리 한다.

3. 제조공정

78 케이크 만들기 (발렌타인데이 타입)

1. 완성품

2. 제조공정

1 스펀지를 슬라이싱하여 시럽을 바른 다음 샌드를 한다.

2 크림으로 아이싱을 하고 냉동실에서 굳힌다.

3 다크 초콜릿을 코팅한다.

4 크림으로 디자인한다. 또는 초콜릿으로 하트모양을 만들고 각종 장식물로 장식한다.

5 장미를 짜서 장식한다.

79 케이크 만들기 싸인버터 (디자인 타입)

1. 완성품

2. 제조공정

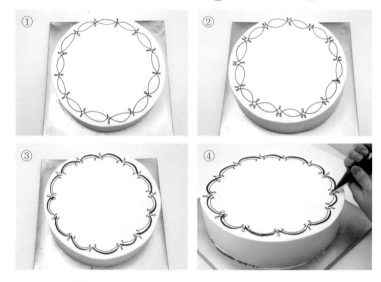

1 싸인버터를 이용한 케이크는 초콜릿으로 코팅하는것이 바람직하다.

2 도화지에 밑그림을 그리고 그 위에 아크릴판을 놓아 연습한다.

3 싸인버터로 디자인할 때는 케이크를 턴 테이블에 올려놓고 짠다.

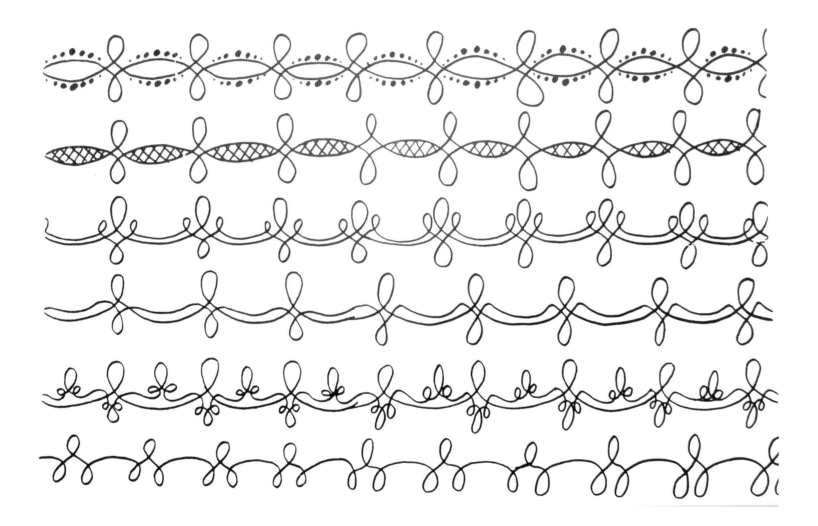

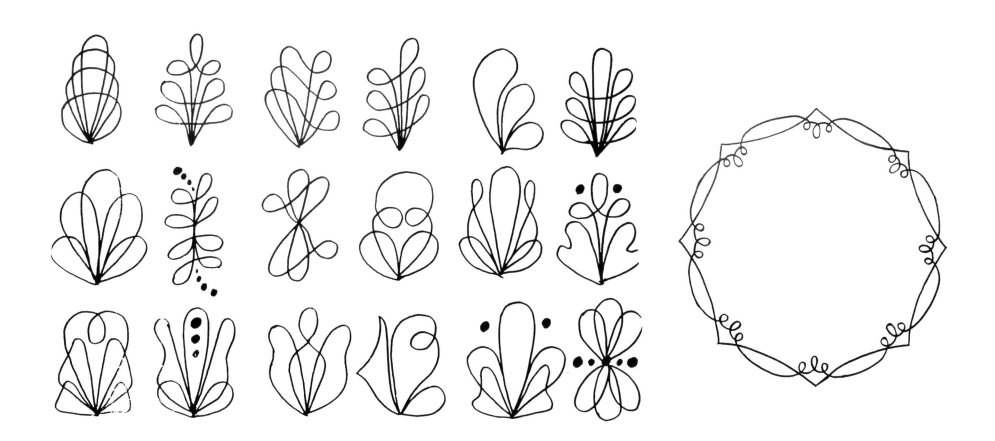

80 머랭 이용 장미 짜기

1. 완성품

2. 제조공정

1 머랭을 이용하여 꽃을 짤 때는 왼손과 오른손의 속도가 맞아야 하므로 버터크림으로 반복하여 훈련한다.

2 꽃받침에 봉오리를 두껍게 짠다. 처음 1 바퀴를 돌려 기둥을 세운다. 이 과정을 500회 이상 연습해야 한다.

3 장미깍지를 1시 방향에서 크림을 붙여 짠다. 같은 동작으로 3잎을 짠다.

4 12시 방향에서 짜주어도 무방하다. 1시 방향에서 6시 방향까지 짜서 장미를 완성한다. 이 방법이 일반적이다.

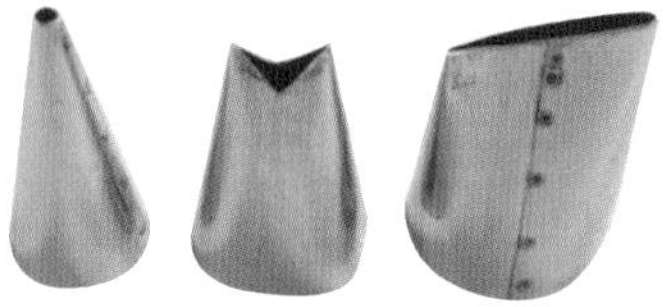

*** Tip** 머랭은 흰자 단백질과 물이므로 버터크림과 성질이 다르다. 머랭은 서로 달라붙는 성질이 있어 빠르게 짜야한다. 시간이 경과한 머랭반죽은 푸석해지므로 머랭 믹싱시 온도가 너무 높지 않도록 해야한다. 믹싱이 부족하면 물처럼 흐르는 반죽이 된다(117p 참고).

81 꽃받침을 이용한 장미 짜기

1. 제조공정

1 꽃받침에 원형깍지를 이용하여 꽃심을 짠다. ①

2 장미깍지로 꽃심을 감아 봉을 짠다. ②

3 2시 방향에서 꽃잎을 감아 짠다. ③④⑤

4 반복하여 짜며 균형을 맞춘다. ⑥⑦

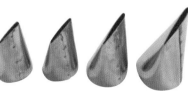

* **Tip** 위의 순서대로 짜준다. 많은 반복 훈련이 요구되는 짜기 기술이다. 초보자는 꽃심
을 크림으로 짜서 꽃을 만들지 말고 하루 전에 머랭으로 꽃심을 짜고 건조시킨 다음
꽃을 만들면 좋은 꽃을 만들 수 있다.

82 머랭 이용 등꽃 짜기 1

1. 완성품

2. 등꽃 만들기

1 ①은 꽃짜기 순서이다. 오른쪽에서 왼쪽으로 차례로 짠다.

2 ②는 보다 세분화 하여 순서대로 확대한 것이다. 장미 모양깍지로 양쪽 끝을 접어주는 방법으로 짠다.

3 ③은 모양깍지를 앞으로 밀어주며 짠다. 약간 강하게 짜주어야 볼륨감이 있다.

4 ④는 왼쪽과 오른쪽을 짜주어 균형을 맞춘다.

* Tip 한 잎부터 9잎까지 다양하게 짠 다음 건조시켜 용도에 맞게 사용한다.

83 머랭 이용 등꽃 짜기 2

* **Tip** 사진 순서대로 짠다. 머랭을 사용할 때는 60℃의 오븐에 2시간 정도 건조시킨 후에 사용한다. 실온에 12시간 건조시켜도 된다. 너무 높은 온도에 건조시키면 부풀어 오르거나 터져버리므로 주의한다.

84 머랭 이용 천사 짜기

1. 완성품

2. 천사 짜기 순서

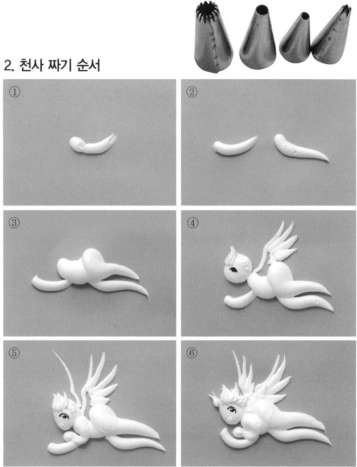

1 팔과 다리 안쪽을 짠다. ①②

2 힘을 조절하며 몸통을 짠 다음 바깥쪽 팔을 짠다. ③

3 머리를 짜고 머리카락도 짠 다음 날개를 짜서 마무리한다. ④⑤⑥

85 머랭 이용 산타 짜기

1. 완성품

2. 산타 짜기 순서

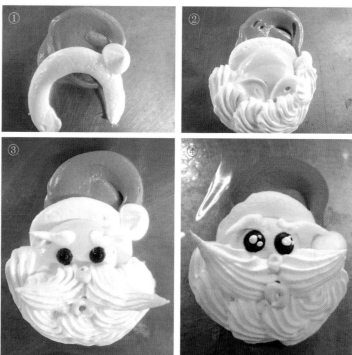

1 모자와 모자 테두리를 짠다. **2** 얼굴을 짠 다음 수염을 짠다.

3 콧수염을 짜고 코와 입을 짠다. **4** 눈썹과 눈을 짜서 마무리한다.

* Tip 부드러운 산타는 원형모양깍지를 사용한다.

머랭 이용 사슴 짜기

1. 완성품

2. 사슴 짜기 순서

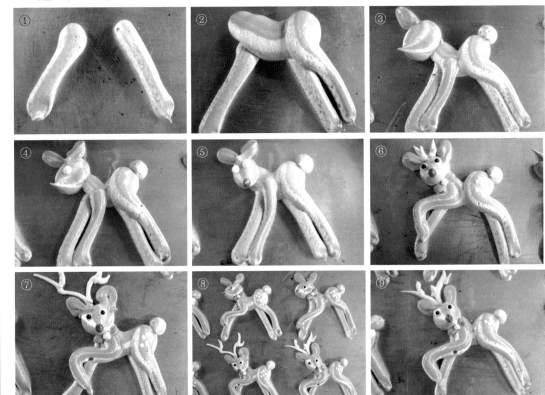

1 앞, 뒤 다리 안쪽을 짠다. **2** 몸통과 뒷다리를 짠다.

3 앞다리를 짜주고 머리를 짠다. **4** 귀와 꼬리를 짜주고 눈과 코를 짠다.

5 뿔과 엉덩이 무늬를 짠다. 다리모양으로 표현을 달리 할 수 있다.

* Tip 사슴은 크리스마스 케이크에 자주 쓰이는 동물이다. 노엘 케이크에 응용도 가능하다. 머랭은 습기에 약하므로 수분이 많은
케이크에 장식하면 물을 흡수하는 성질이 있으므로 주의한다. 다리에 초콜릿을 코팅하여 장식하면 좋다.

1. 완성품

제작 박찬회 명장

1 0.5cm 원형깍지로 바닥을 짠다.

2 1cm 이상의 원형깍지로 몸통과 머리를 짠다. ②

3 0.5cm 깍지로 코를 짜준다음 귀를 짠다. ④

4 고깔모자를 짜주고 눈과 발을 짠다. ⑥

5 코 옆에 상아를 짜도 된다.

2. 코끼리 짜기 순서

88 머랭으로 새모양 짜기

1. 완성품

2. 새모양 짜기 순서

①

②

③

④

⑤

⑥

1 Ø0.5cm 원형깍지로 꼬리를 3개 짠다. ①
2 0.5cm 원형깍지로 몸통과 머리를 짠다. ②③
3 잎새 깍지로 날개를 짠다. ④
4 잎새 깍지로 부리와 리본을 짠다. ⑤
5 검정색으로 눈을 짜서 완성한다. ⑥

89 머랭으로 강아지 짜기

1. 완성품

2. 강아지 짜기 순서

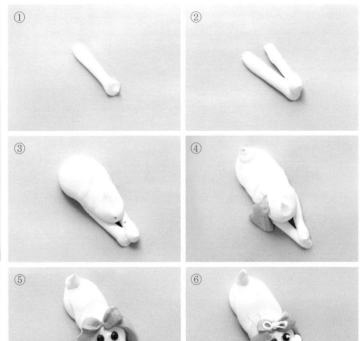

1 Ø0.5cm 원형깍지를 이용하여 앞다리 2개를 짠다. ②

2 1.5cm 별 모양깍지로 몸통을 짠다. ③

3 1cm 원형깍지로 머리를 짜고 나뭇잎 깍지로 귀를 짠다. ④

4 코를 짜주고 머리에 리본을 짜서 완성한다. ⑤

90 머랭으로 비둘기 짜기

1. 완성품

1 Ø0.5cm 원형깍지를 이용하여 비둘기 꼬리를 짠다. ①

2 몸통과 머리를 한번에 짠다. ②

3 양 날개를 조화롭게 짠다. ④

4 눈을 짜서 마무리한다. ⑤

* Tip 비둘기는 장식물로 많이 쓰이는 디자인이다.
　　　 다소 난이도가 높아 평소에 연습을 많이 해야한다.

5 비둘기 날개는 전날 짜서 건조시킨 다음 몸통을 짜고 붙여준다. (ⓐⓑⓒ)

* Tip 비닐 위에 짜서 건조시킨다. 밀대에 올려 날개 모양을 다르게 할 수 있다.

2. 비둘기 짜기 순서

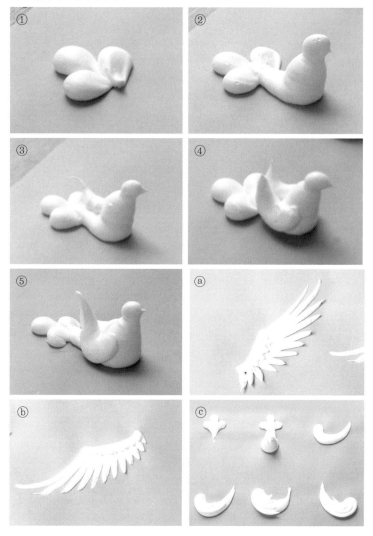

91 머랭, 버터크림 이용 학 짜기

1. 완성품

1 원형깍지를 이용하여 학을 짤 때에는 밑그림을 그려주고 그 위에 투명 아크릴판을 올려놓고 연습을 하면 효과적이다.

2 몸통과 날개로 구도를 잡고 날개를 채워준다.

* **Tip** 회갑 또는 생신 케이크에 어울리는 디자인이다. 머랭으로 미리 짜서 굳힌 다음 장식하면 더욱 더 입체감이 있는 케이크를 만들 수 있다. 로얄아이싱 반죽도 가능하다.

2. 학 짜기 순서

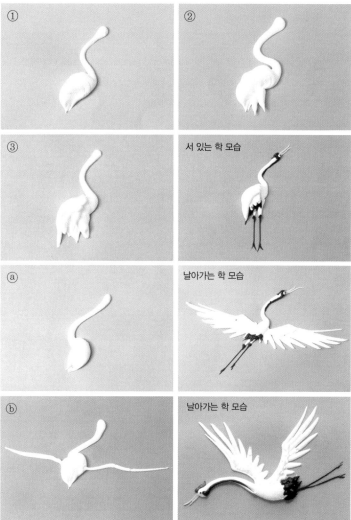

① ②

③ 서 있는 학 모습

ⓐ 날아가는 학 모습

ⓑ 날아가는 학 모습

드롭 플라워를 이용한 케이크 (웨딩 케이크)

92 드롭 플라워 이용 케이크 1 (2단)

1. 완성품

2. 꽃 만들기

①

②

1 드롭 플라워 꽃을 만든다.
반죽에 소량의 색을 들여 꽃을
짠 다음 건조시킨다.

2 에어브러시를 이용하여 색을
연하게 분사한다. 색을 적절
하게 그라데이션 하고 건조시
킨다.

3 꽃술을 짜주고 건조시킨 다음
케이크에 장식한다.

* Tip 색소를 소량으로 사용해야 조화
같은 질감이 생기지 않는다. 색
은 여러번 분사하여 필요한 꽃
색을 만든다.

93 드롭 플라워 케이크 2 (3단, 1단)

1. 완성품

2. 꽃 만들기

1 케이크를 만들기 전에 스케치를 하여 미리 색상과 꽃의 배치도를 만든다.

2 꽃 배치는 위에서 아래로 또는 밑에서 위로 올리며 장식할 수 있으며, 케이크 중앙이나 왼쪽 또는 오른쪽에만 꽃을 배치할 수도 있다. 자유롭게 장식하나 어수선하게 장식하면 안된다.

* Tip 꽃을 만들기 전에 꽃이 수록되어 있는 식물도감 등의 책을 보며 연습한다.

꽃 무늬짜기 도안

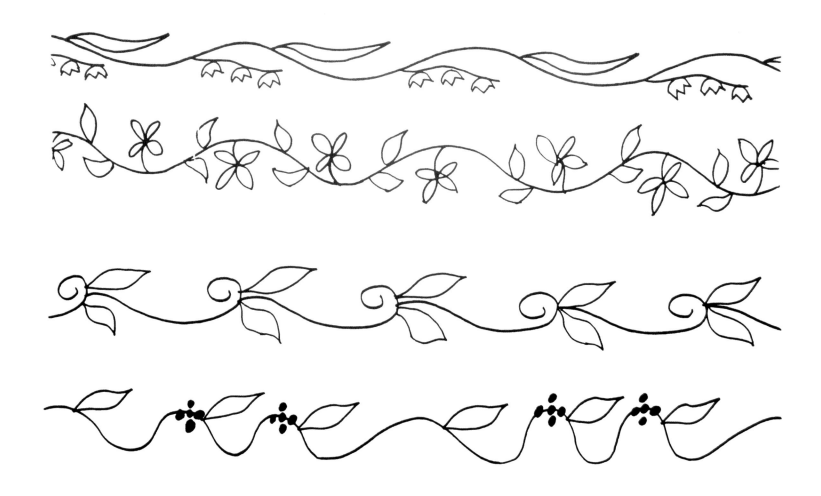

94 캐릭터 케이크 만들기(다람쥐)

1. 완성품

2. 동물모양 만들기

1 케이크를 계절별로 만들 줄 알아야 하고 행사에 필요한 케이크도 전부 만들 수 있어야 한다.

2 동물 케이크는 비교적 난이도가 높은 케이크이지만 열심히 연습 하면 누구나 가능하다.

동물모양 케이크 만들기(양, 강아지)

1. 완성품

2. 강아지 만들기 순서

①

②

③

④

⑤

⑥

1 스펀지를 아이싱 한다. ①

2 별모양깍지와 원형모양깍지를 이용하여 짠다. ②③

3 Ø0.3cm 원형깍지를 이용하여 위에서 아래쪽으로 길게 짠다. ④

4 초콜릿을 이용하여 눈과 코를 장식한다. ⑤

5 빨강색 크림으로 입을 짜고 마무리한다. ⑥

96 동물모양 케이크 만들기(곰, 돼지)

1. 곰 모양 만들기

① ② ③

2. 돼지 모양 만들기

① ②

* **Tip** 동물모양 케이크 마무리는 초콜릿, 케이크 크림을 뿌려서 하는 방법과 모양깍지로 크림을 짜는 방법 등을 이용한다.

97 견과(아몬드)를 이용한 케이크

1. 완성품

1 케이크를 아이싱 하고 중앙에 랩을 씌운 세르클을 올려주고 프랄린을 붙인다.

2 마카롱을 제조하여 옆면에 붙여준다.

3 슈반죽으로 백조 모양을 만든다.

4 만들어진 백조를 케이크 위에 장식한다.

프랄린(Praline)

재료 설탕 300g, 물 60g, 슬라이스아몬드 240g

1 자루냄비에 설탕, 뜨거운 물을 혼합하여 진한 갈색이 되도록 가열한다.

2 오븐에 데운 아몬드를 넣고 혼합한다.

3 실리콘 페이퍼에 부어 식힌다.   **4** 잘게 부수어 체질한 후 사용한다.

2. 장식 붙이기

98 싸인 연습하기 (한글)

1. 완성품

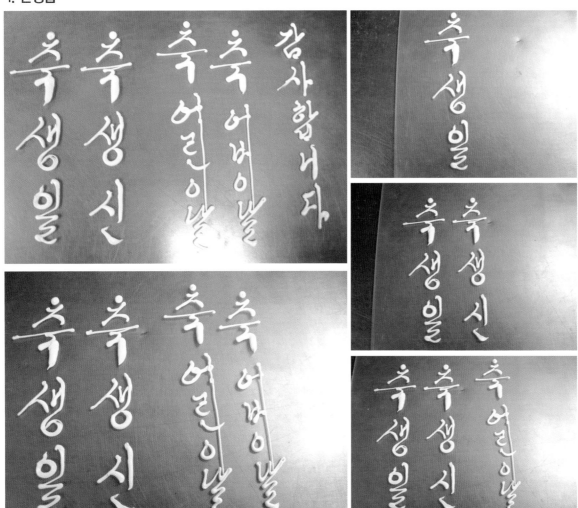

초코 싸인버터

재료 버터 100g, 코코아 50g, 식용유 50g

1 버터를 풀어준다.

2 식용유에 코코아를 섞는다.

3 1에 코코아 반죽을 섞는다.

* Tip 화이트 싸인버터는 버터에 물엿이나 식용유를
섞어서 만든다.

화이트 싸인버터

재료 버터 100g, 물엿 50g

1 싸인버터는 반죽 후 수저에 담아 쏟을 때
끈기가 있게 떨어지는 되기가 좋다. 온도에
따라 되기가 달라질 수 있으니 조절한다.

2 싸인 연습은 붓글씨와 비슷하므로 붓펜을
이용하여 연습하면 효과적이다.

3 싸인반죽은 비닐에 담아 싸인하는 것이 좋
다. 위생지는 손의 열에 의해 버터가 녹아
기름이 배어나오므로 좋지않다.

1. 완성품

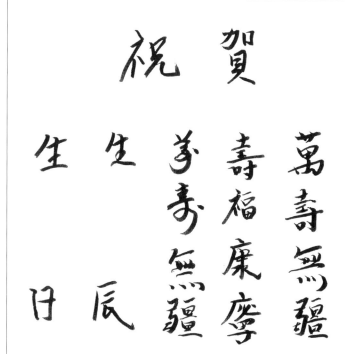

싸인버터 간편법

초콜릿 싸인버터

재료 다크 초콜릿 100g, 버터 50g

1 초콜릿을 용해시킨 후 28℃로 식힌다.

2 부드러운 버터를 혼합한다.

3 적정되기로 굳힌 다음 사용한다.

100 싸인 연습하기 (영문)

abcdefghijklmopqrstuv
wxyz

ABCDEFGH IJKLMNO
PQRSTUVWXYZ

abcdefghijklmnopqrstuo
vwxyz

Merry
Christmas!

Merry
Christmas

1 영문 싸인 연습은 여러 가지 글씨체로 연습하는 것이 좋다.

2 글씨모양은 여러 가지 도안책을 참고하여 자기만의 글씨를 개발하는 것이 중요하
며 싸인은 데커레이션의 마지막 장식물이며 케이크 전체 디자인에 중요한 요소이다.

101 싸인 연습하기 (표기법)

1. 한자 표기

명칭	한자 표기	의미
축약혼	祝約婚	남녀간에 맺는 결혼 약속을 축하
축결혼	祝結婚	남녀가 법적·사회적 승인 아래 남편과 아내로서 맺는 결합을 축하
축화혼	祝華婚	남의 결혼을 아름답게 이르는 말
축생일	祝生日	태어난 날을 기념하여 축하
축생신	祝生辰	생일을 높이는 말
축입학	祝入學	학교에 들어가 학생이 됨을 축하. 입교(入校)↔졸업
축졸업	祝卒業	소정의 학업을 모두 마치고 나오는 것을 축하. 단계상 이미 끝낸 상태가 되는 것
축성탄	祝聖誕	임금의 탄생. 또는 성인(聖人)의 탄생을 축하 (보통 크리스마스를 이름)
초파일	初八日	석가모니가 탄생한 날로 음력 4월 8일을 이름
근하신년	謹賀新年	'삼가 새해를 축하합니다'의 뜻으로, 연하장(年賀狀) 따위에 쓰는 말. 공하신년(恭賀新年)
입춘대길	入春大吉	입춘을 맞이하여 크게 길함[입춘 때 문지방이나 대문 등에 써붙이는 입춘방의 한가지]
가화만사성	家和萬事成	집안이 화목하면 모든 일이 다 잘되어 나간다는 뜻
수복강령	壽福康寧	장수, 복, 안녕을 기원하는 말
만수무강	萬壽無疆	아무 탈 없이 오래오래 삶 = 만세무강(萬世無疆)
창립기념일	創立紀念日	어떤 기관이나 단체 등이 설립된 날을 기념하여 축하하는 날
회갑	回甲	수연(壽宴) = 의연(禧筵) = 수의(壽儀) : 61세 되는 생일 육갑년도(六甲年度)에서 태어난 지 60년이 지나면 다시 돌아온 간지년(干支年)의 생일이 된다

2. 영자 표기

명칭	영문 표기	의미
발렌타인데이	Valentine day	여자가 사랑하는 남자에게 초콜릿을 선물하는 날 (2월 14일)
화이트데이	White day	남자가 사랑하는 여자에게 사탕을 선물하는 날 (3월 14일)
로즈데이	Rose day	사랑하는 연인들이 장미꽃을 주고 받는 날 (5월 14일)
생일	Happy birthday	태어난 날을 기념하는 날
입학	Admission to a school	학교에 들어가 학생이 됨
졸업	Graduation	소정의 학업을 모두 마치고 나오는 것
신년	Happy New Year	새해의 첫날(1월 1일)
부활절	Easter day	예수의 부활을 기념하는 축제일 춘분이 지난 뒤의 첫 만월 다음의 일요일임
성탄절	Merry Christmas	예수가 태어난 날(12월 25일)
성년의 날	Coming -of-Age Day	20세가 되어 성년이 됨을 기념하는 날 (5월 셋째 주 월요일)
결혼기념일	Wedding Anniversary	결혼식을 올린 날을 기념하는 날
축하	Congratulation	기쁘고 즐겁다는 뜻의 인사
승리	Victory	겨루거나 싸워서 이김

3. 결혼기념일

주기	명칭	주기	명칭
1주년	지혼식(紙婚式)	5주년	목혼식(木婚式)
10주년	석혼식(錫婚式)	15주년	동혼식(銅婚式)
20주년	도혼식(陶婚式)	25주년	은혼식(銀婚式)
30주년	진주혼식(眞珠婚式)	35주년	산호혼식(珊瑚婚式)
40주년	녹옥혼식(綠玉婚式)	45주년	홍옥혼식(紅玉婚式)
50주년	금혼식(金婚式)	55주년	비취혼식(翡翠婚式)
60주년	회혼식(回婚式), 금강혼식(金剛婚式)		

4. 나이

명칭	나이
고희(古稀)/종심(從心)	일흔을 이르는 말 (70세)
희수(喜壽)	일흔 일곱을 이르는 말 (77세)
망백(望百)	아흔을 이르는 말 (90세)
백수(百壽)	아흔 아홉을 이르는 말 (99세)

Marzipan Decoration

작품명 정글의 합창
제작 한서광

01

원숭이 원숭이의 특징이 살아 있는 얼굴 모양에 주목!

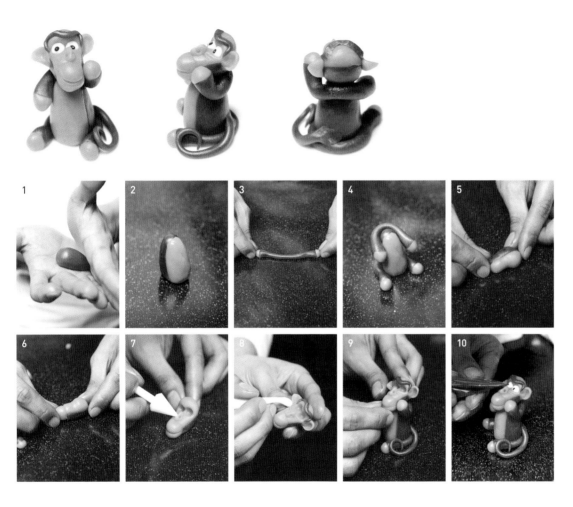

1 20g의 갈색과 살색 반죽으로 동그랗게 몸통을 빚는다.

2 각각의 반죽을 반으로 자른 후 갈색과 살색을 반 반씩 붙인다.

3 갈색 반죽 5g으로 길게 팔을 만들고 양끝에 반구 형의 살색 반죽을 붙인다.

4 갈색 반죽 6g을 이용해 팔과 같은 방법으로 다리 를 만든 후 몸통에 붙인다.

5 8g의 갈색과 살색 반죽으로 얼굴을 빚은 후 반으 로 자르고 반반씩 붙인다.

6 얼굴의 턱 부분을 조금 잘라낸 후 반구형의 살색 반죽을 붙인다.

7 눈 부분을 도구로 눌러준 후 코를 빚어 붙이고 갈 색 반죽으로 눈썹을 만들어 붙인다.

8 입 모양을 갈라 벌리고 살색 반죽 1g씩으로 귀를 만들어 붙인다.

9 갈색 반죽 3g을 길게 늘여 꼬리를 만들어 붙인 후 얼굴을 몸통에 붙인다.

10 물에 녹여 농도를 조절한 분당과 초콜릿으로 눈 을 짜 넣는다.

02

코끼리 볼터치와 상아, 머리장식 등 귀여운 얼굴 표정을 표현하는 것이 포인트.

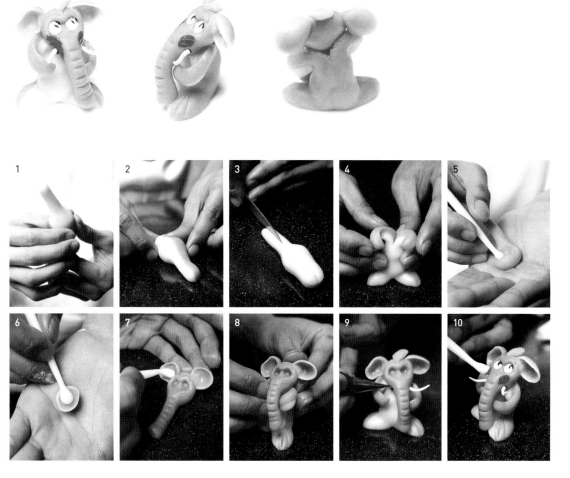

1 30g의 흰색과 분홍색 반죽을 윗부분을 길게 늘여 호리병 모양처럼 빚는다.

2 각각의 반죽을 반으로 자른 후 흰색과 분홍색을 반반씩 붙인다.

3 손바닥으로 살짝 눌러준 후 칼로 다리와 팔 부분을 가른다.

4 발과 팔 모양을 잡아준다.

5 분홍색 반죽 12g으로 얼굴을 빚은 후 눈 부분을 도구로 눌러준다.

6 1g의 흰색과 분홍색 반죽을 섞은 후 도구로 둥글리며 귀를 만든다.

7 도구로 코 부분에 자국을 낸 후 귀를 붙인다.

8 몸통에 얼굴을 붙인 후 노랑, 연두색 반죽으로 나뭇잎을 만들어 머리위에 붙인다.

9 초콜릿을 이용해 미리 만들어둔 상아를 붙인다.

10 눈을 짜 넣은 후 볼 부분에 붉은색 색소를 발라 볼터치를 그려 넣는다.

03

여우 활짝 웃고 있는 역동적인 얼굴 표정으로 꾀 많고 영리한 여우를 표현.

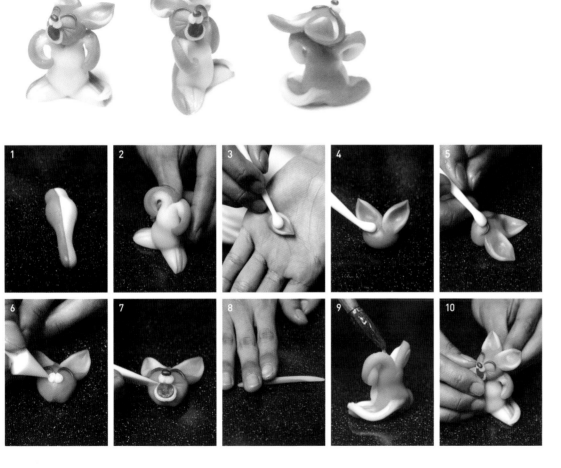

1 30g의 흰색과 주황색 반죽을 윗부분을 길에 늘여 호리병처럼 빚는다.

2 각각의 반죽을 반으로 자른 후 흰색과 주황색을 반반씩 붙이고 팔과 다리를 가른다.

3 주황색 반죽 2g과 흰 반죽 1g을 석은 후 끝부분이 뾰족하게 귀를 만든다.

4 주황색 반죽 8g으로 동그랗게 얼굴을 빚은 후 귀를 붙인다.

5 갈색 반죽으로 반달모양 눈을 만들어 붙인다.

6 흰 반죽으로 입부분을 만들어 붙인 후 갈색 반죽으로 동그랗게 코를 만들어 붙인다.

7 흰 반죽과 붉은 반죽으로 입을 만들어 붙인다.

8 주황색 반죽과 흰 반죽 적당량을 마블로 섞어 길게 늘인 후 꼬리를 만들어 붙인다.

9 계란 흰자를 목 부분에 바른다.

10 얼굴을 몸통에 붙인 후 팔 모양을 가다듬는다.

앵무새 화려한 앵무새의 특징을 표현하기 위해 날개에 색상변화를 줌.

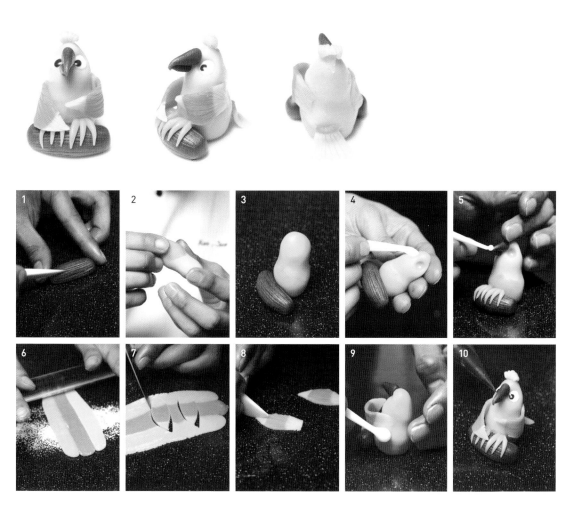

1 갈색 반죽 10g을 동글납작하게 빚은 후 도구로 선을 그어 통나무를 표현한다.

2 13g의 노랑과 연두색 반죽을 반반씩 붙인 후 몸통을 빚는다.

3 계란 흰자로 통나무와 몸통을 붙인다.

4 눈 부분을 도구로 눌러준다.

5 노란색 반죽으로 발을 만들어 붙인 후 갈색 2g과 흰색 1g으로 부리를 만들어 붙인다.

6 5g의 노랑, 주황, 연두색 반죽을 붙인 후 밀대를 이용해 0.5mm 두께로 밀어 편다.

7 ⑥의 반죽을 칼을 이용해 날개 모양으로 자른다.

8 도구를 이용해 빗살무늬를 그려 넣는다.

9 몸통 부분에 날개를 붙인 후 날개와 같은 방법으로 꼬리를 만들어 붙인다.

10 물에 녹여 농도를 조절한 분당과 초콜릿으로 눈을 짜 넣는다.

작품명 봄나들이
제작 오병호

기본배합

프루츠 케이크

재료 설탕A 225g, 소금 7.5g, 버터 275g, 노른자 150g, 흰자 350g, 설탕B 225g, 우유 90g, 박력분 500g, 베이킹 파우더 5g, 건포도 60g, 체리 300g, 호두 200g, 오렌지 필 180g, 럼 80g, 바닐라 향 2g 1/2개분, 당밀(몰라세스) 15g

1 포마드 상태의 버터와 설탕A, 소금을 섞는다.

2 노른자를 섞고 럼과 바닐라 향을 섞어준다.

3 흰자와 설탕B로 거품을 올리면서 머랭을 만든다.

4 3의 1/3의 머랭을 2와 먼저 섞어준 다음 나머지 머랭을 섞는다.

5 체친 가루류를 섞은 후 우유를 혼합한다.

6 건포도와 다진 체리, 호두, 오렌지 필을 섞은 다음 원형 팬에 팬닝한다.

7 윗불 150, 아랫불 170℃ 오븐에서 40분간 굽는다.

마지팬 반죽

재료 마지팬(설탕과 아몬드의 비율 2:1인 제품 사용) 700g

1 마지팬을 비터로 부드럽게 풀어준 후 로열 아이싱을 조금씩 넣어 섞는다.

로열 아이싱

재료 슈거파우더 350g, 가루 젤라틴 5g, 물 35g, 물엿 20g, 쇼트닝 25g

1 물에 불린 젤라틴을 중탕으로 녹인 다음 물엿과 흰자를 섞는다.

2 체친 슈거파우더에 1을 넣고 비터로 섞어준다.

3 식초를 섞는다.

01 인형만들기

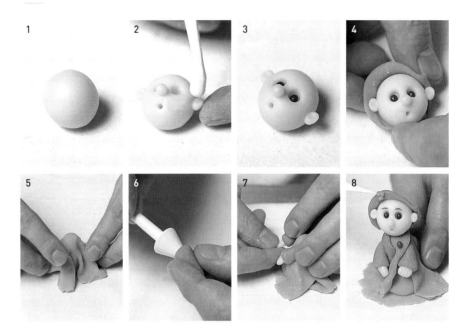

1 마지팬 반죽에 소량의 노란색 색소와 오렌지색 색소를 섞은 다음 동그랗게 성형한다.

2 눈 위치에 홈을 만들고 코와 귀를 만들어 붙인다.

3 고동색 마지팬 반죽으로 눈을 만들어 붙인다.

4 보라색 반죽을 밀어 편 후 3위에 모자 형태로 씌운다.

5 원뿔형으로 성형한 반죽 위에 녹색의 반죽을 밀어 펴 덮는다.

6 몸통과 동일한 색상의 반죽으로 원추형의 팔을 만든다.

7 몸통 양 옆에 홈을 만든 후 팔을 끼워 넣고 손을 붙인다.

8 모양을 다듬어 마무리한다.

* **Tip** 인형을 만들 때 얼굴 형태가 변형되지 않도록 완전히 굳힌 후 몸통부분과 접합한다.

02 이파리 만들기

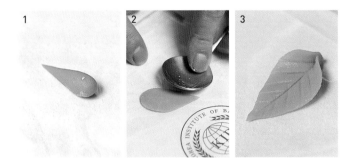

1 녹색으로 착색한 마지팬 반죽을 원추형으로 만든다.

2 2장의 비닐 사이에 넣은 후 숟가락으로 얇게 편다.

3 마지팬 스틱으로 무늬를 넣고 손으로 이파리 모양으로 형태
를 다듬은 다음 에어브러시로 착색한다.

* Tip 착색시 녹색 색소에 노랑과 붉은색 색소를 섞어 은은하고 자연스러운
색이 나도록 한다.

03 토끼 만들기

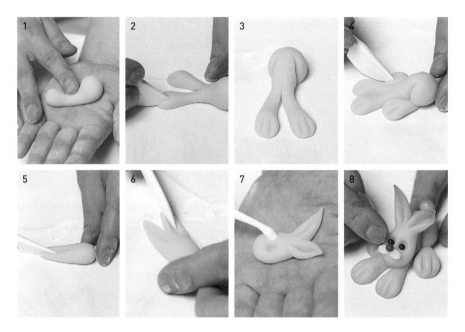

1 반죽을 구 형태로 만들고 1/3지점을 손가락으로 눌러 가늘게 늘인다.

2 늘인 부분을 세로로 반을 자르고 발 형태로 무늬를 낸다. 이 부분이 앞다리가 된다.

3 마지팬 도구로 뒷다리 부분에 앉아있는 듯한 무늬를 낸다.

4 원추형의 반죽을 만들어 뒷다리 앞쪽으로 붙이고 발 형태의 무늬를 낸다.

5 다시 반죽을 원추형으로 성형한 다음 뾰족한 부분을 세로로 반을 자른다.

6 마지팬 스틱으로 귀 부분의 홈을 만든다.

7 마지팬 스틱으로 눈 위치에 홈을 만들고 몸통에 붙인다.

8 에어브러시에 노란색 색소로 가볍게 착색한 다음 시럽을 바르고 수염, 코, 눈, 당근
을 붙인다.

* Tip 강아지는 토끼의 몸통과 같은 방식으로 만들고 머리 형태만 다르게 한다.

04 장미 만들기

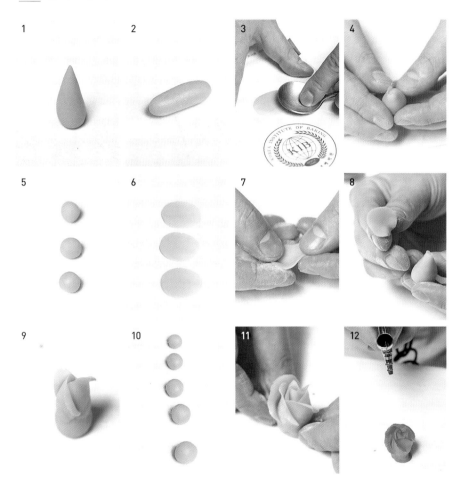

1 오렌지색으로 착색한 마지팬 반죽을 이용하여 원추형 심을 만든다.

2 강낭콩 크기로 반죽을 성형한다.

3 2의 반죽을 2장의 비닐 사이에 넣은 후 숟가락으로 끝부분을 가늘게 밀어 편다.

4 3의 꽃잎을 1의 심에 말아준다.

5 반죽을 동일한 크기의 구 형태로 3개를 만든다.

6 5를 한꺼번에 2장의 비닐 사이에 넣은 후 숟가락으로 끝부분을 가늘게 밀어 편다.

7 6을 손가락으로 오목하게 눌러 꽃잎 형태를 만든다.

8 3장의 꽃잎을 4의 3등분한 위치에 각각 붙인다.

9 동일한 간격으로 붙인 꽃잎의 끝부분을 자연스럽게 밖으로 젖혀준다.

10 반죽의 양을 조금 늘려 5개의 구 형태로 만든다.

11 7의 꽃잎과 똑같은 과정으로 만든 후 동일한 간격으로 5장의 꽃잎을 붙이고 끝부분을 살짝 젖혀준다.

12 에어브러시로 꽃잎 끝부분을 착색한다.

* Tip 자연스러운 꽃잎 형태를 만들기 위해 4번째 꽃잎부터는 반죽의 양을 늘려 크기가 서서히 커지도록 성형한다.

05 마무리

1 미리 구워둔 프루츠 케이크를 원하는 형태로 다듬어 살구잼을 얇게 바르고 반죽을 1~2mm로 밀어 편 후 케이크 위에 덮는다.

2 반죽을 2~3mm로 밀어 편 후 1위에 한 번 더 덮고 표면과 모서리 부분을 정리한다.

3 마지팬 공예칼로 아랫부분을 깔끔하게 자른다.

4 에어브러시로 노란색 색소를 살짝 뿌려 광택을 낸다.

5 주황색으로 착색한 반죽을 늘여 테두리에 두른 후 마지팬 스틱으로 무늬를 낸다.

6 조금 더 연한 주황색으로 착색한 반죽을 가늘게 늘이고 5위에 둘러 준다.

7 옆면에 동일한 간격의 커튼 형태로 로열 아이싱을 짜준 후 완전히 굳을 때까지 건조 시킨다.

8 7의 상하를 뒤집어 같은 모양의 커튼 형태로 로열 아이싱을 짜준다. 모양은 상하 대칭을 이룬다.

9 연한 오렌지색으로 착색한 마지팬 반죽을 2~3mm로 밀어 펴고 직경 15cm 원형 틀로 찍어낸 다음 가늘게 늘인 반죽을 가장자리에 두르고 무늬를 낸다.

10 케이크 윗면에 로열 아이싱을 짜고 9를 올린다.

11 로열 아이싱으로 윗면 둘레에 당초무늬를 짜준다.

12 체에 내린 녹색 마지팬 반죽을 올리고 인형, 동물, 꽃을 배치한 후 이파리를 꽂아 마무리한다.

작품명 숲속의 요정
제작 정영택

기본배합

쉬크르 티레(잡아 늘리는 기법) & 쉬크르 수플레(부풀리는 기법)

재료 설탕 1,000g, 물 300g, 물엿 150g, 주석산 크림(크림 타르타르) 0.5g

1 설탕, 물을 냄비에 넣고 끓이다가 물엿, 물에 녹인 주석산을 섞어 167℃까지 끓인다.

2 실패트에 부어 적당한 온도까지 식힌 다음 사용한다.

* **Tip** 주석산 크림은 설탕이 잘 늘어나게 하고 결정이 생기는 것을 방지하는 작용을 한다.

* **Tip** 위의 배합은 쉬크르 티레용이지만 쉬크르 수플레로도 사용할 수 있다.

쉬크르 쿨레(틀에 붓는 기법)

재료 이소말트 적당량

1 이소말트를 냄비에 넣고 약한 불에서 녹인 다음 한번 끓어올랐다가 꺼지면 사용한다.

* **Tip** 이소말트는 설탕과 유사한 양질의 감미료로 껌 등에 많이 사용되고, 열 및 산(酸)에 매우 안정적이다.

* **Tip** 이소말트는 캐러멜화 되는 온도(190℃ 정도)가 상당히 높으므로 투명한 제품을 만들 때 많이 사용한다. 작업성도 뛰어나다.

쉬크르 크리스탈랭(크리스탈 결정을 만드는 기법)

재료 설탕 1,000g, 물 400g

1 설탕과 물을 끓여 시럽을 만든다.

파스티아주

재료 슈거파우더 1,000g, 젤라틴 8장(16g), 레몬즙 20g, 물 60g

1 물에 불린 젤라틴을 녹인 다음 슈거파우더, 레몬즙을 넣어 반죽을 만든다.

01 토대 만들기

1 적당한 길이로 잘라 한쪽에 마개를 막은 고무호스에 투명 쉬크르 쿨레 시럽을 붓고 반대편에도 마개를 막은 다음 모양을 잡아 굳힌다.

2 완전히 굳으면 고무호스를 세로로 잘라 꺼낸다.

3 실리콘 몰드에 투명 쉬크르 쿨레 시럽을 부어 만들어둔 받침 표면을 가스 토치로 녹여 투명하게 만든다.

4 표면을 깨끗하게 녹인 받침들을 겹쳐 토대를 만든다.

5 몰드로 미리 만들어둔 장식물을 전체적인 균형을 생각하며 붙인다.

* **Tip** 고무호스는 안쪽 벽면이 깨끗한 것을 고르는 것이 좋다. 또한 쉬크르 쿨레 시럽이 너무 뜨거울 때 호스 안으로 흘려 넣게 되면 마개가 빠져 버리거나 막대 단면에 기포가 생기므로 끓여서 뜨거운 열기가 조금 가신 다음 부어주는 것이 적당하다.

* **Tip** 받침이나 장식물을 접착시킬 때는 각각의 면을 녹여준 다음 붙여주는 것이 좋다. 한쪽 면만 달궈서 붙이게 되면 식은 다음 쉽게 떨어진다.

* **Tip** 토대를 만들 때 가장 중요한 것은 전체적인 균형이다. 여러 조형물이 올라가게 되면 점점 무거워지므로 튼튼한 토대를 만드는 것은 기본이고, 장식물 등을 하단에 붙여가며 아랫부분을 강화시켜 주기도 한다.

02 표범 만들기

*Tip 굳어진 설탕 덩어리를 다시 녹여서 사용할 때
는 전자렌지에서 거의 액상이 될 때까지 완
전히, 골고루 녹인 다음 작업하는 것이 설탕
의 결정을 방지하는 요령이다. 또한 전자렌지
에 5분 이상 돌리면 타게 되므로 한꺼번에 녹
이기보다 1∼2분에 한번씩 꺼내 조금씩 녹여
주는 것이 좋다.

*Tip 에어브러시는 연한 색에서 진한 색의 순서
로 색소를 뿌려주는 것이 기본. 입체감 또한
살아난다.

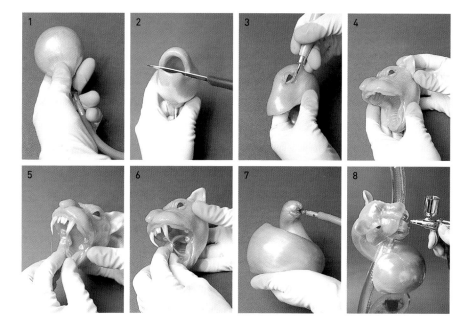

1 쉬크르 수플레 기법으로 만든 노란색 설탕 덩어리를 여러 번 접어서 불투명 색상으
로 만든 다음 동그랗게 떼어 펌프기에 연결시킨다.

2 공기를 조금씩 넣어가며 머리 모양으로 만든 다음 불에 달군 칼로 입모양을 자른다.

3 손으로 모양을 잡아가면서 세공용 칼을 이용, 눈을 만들고 진한 색상의 설탕 덩어리
를 입 안쪽으로 넣어 붙여준 다음 눈 주위를 다듬는다.

4 귀와 코, 잇몸을 머리와 동일한 설탕 덩어리로 붙이고 녹여가면서 세밀하게 모양을
만들어준다.

5 아래, 위로 이빨을 붙인다.

6 동일한 색상으로 만든 혀를 입안에 넣어 붙인다.

7 쉬크르 수플레 기법의 설탕 덩어리를 나선형으로 부풀리며 몸통을 만든다.

8 몸통과 머리를 붙인 다음 토대 부분에 자리를 잡고 식용색소를 이용, 에어브러시로
노랑색 → 주황색 →고동색 순으로 색깔을 입힌다.

03 요정 만들기

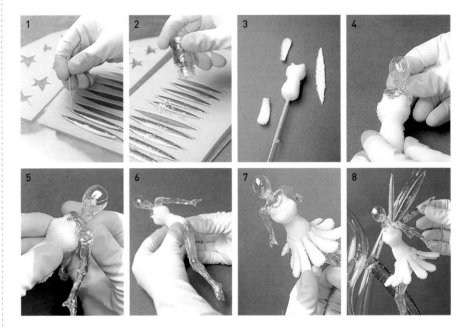

* **Tip** 날개 부분에 사용하는 쉬크르 쿨레 시럽은 고무호스에 사용할 때와는 달리 끓인 즉시 부어 준다. 식으면 끝부분까지 시럽이 채워지지 않기 때문이다.

* **Tip** 본래 몸통 등의 부풀리는 기법에는 쉬크르 수플레 배합을 사용하지만 여기서 작업한 투명한 부분에는 모두 쉬크르 쿨레(이소말트)를 사용했다.

* **Tip** 쉬크르 크리스탈랭에 파스티아주를 하루 동안 담가두면 파스티아주 표면에 크리스탈 결정이 생긴다. 단 파스티아주의 한 부분이 바닥이나 벽면에 닿으면 그 부분에만 결정이 생기지 않으므로 공중에 매달거나 스티로폼 등에 꽂아서 결정화 시키는 것이 좋다.

1 투명의 쉬크르 쿨레 시럽을 실리콘 몰드에 붓고 끝부분을 뾰족한 도구를 이용, 시럽을 끝까지 밀어 넣어 준다.

2 금박을 골고루 뿌려 굳힌다. 요정의 날개가 되는 부분이다.

3 하루 전날 파스티아주 반죽으로 몸통과 요정의 치마부분을 만든 다음 쉬크르 크리스탈랭 시럽에 담가 반짝이는 크리스탈 결정을 만든다.

4 하루 전날 파스티아주 반죽으로 몸통과 요정의 치마부분을 만든 다음 쉬크르 크리스탈랭 시럽에 담가 반짝이는 크리스탈 결정을 만든다.

5 양팔을 만들어 어깨에 자연스럽게 붙인다.

6 양다리를 만들어 파스티아주 몸통 반죽에 붙인다.

7 파스티아주 반죽에 크리스탈 결정을 입힌 치맛자락을 몸통에 둘러가며 붙인다.

8 요정의 다리 한쪽을 호스로 빼낸 토대에 균형을 잡아 붙인 다음 금박을 뿌린 날개를 등부분에 각각 2개씩, 4개를 붙인다.

04 꽃 만들기

1 쉬크르 티레 기법을 이용해 만든 설탕 덩어리를 여러 번 잡아 당겨서 광택을 만들고 3겹 봉오리, 모양이 다른 꽃잎을 각각 3장과 5장, 기다란 수술을 만든다.

2 봉오리에 몰드로 찍어낸 꽃잎 3장을 균형있게 붙인다.

3 길게 뽑아낸 5장의 꽃잎을 붙인다.

* **Tip** 쉬크르 티레 기법은 광택이 생명이다. 높은 온도까지 끓여 낮은 온도에서 잡아당기면 반짝이는 광택을 살릴 수 있다.

05 마무리

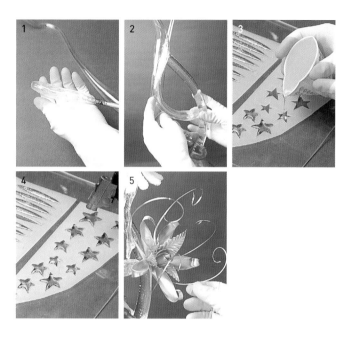

1 투명의 쉬크레 쿨레 설탕 덩어리에 공기를 불어넣고 식히면서 원하는 모양의 길쭉한 투명관을 만든다.

2 토대에 균형있게 붙인다.

3 쉬크레 쿨레 시럽을 별모양 실리콘 틀에 부어 부수적인 장식물을 만든다.

4 가스토치로 별모양 표면을 달궈 조그만 거품을 없애준다.

5 꽃, 별모양 장식물, 크리스탈 미니구 등을 전체적인 균형과 조화를 고려하면서 붙인다.

작품명 정글
제작 한서광

Sugar art

설탕 끓이기 기본배합

재료 물 300g, 설탕 1,000g 물엿 300g, 주석산 4방울

1) 냄비에 물, 설탕을 넣고 끓인다.

2) ①이 끓으면 거품을 걷어낸 후 물엿을 넣고 계속 끓인다.

3) 냄비 주변에 붙은 설탕을 물에 적신 붓으로 닦아내면서 끓인다.

4) 160℃가 되면 주석산을 넣는다.

5) 165℃까지 끓인 후 불에서 내리고 냄비 바닥을 찬물에 잠깐 담궈 잔열로 온도가 더 이상 오르지 않게 한다.

* Tip 주석산이 분말일 경우엔 그냥 사용하고 알갱이일 경우엔 물과 1:1 로 섞어서 사용한다.

* Tip 기법에 따라 설탕 끓이는 온도와 주석산의 양(과다 투입 시 작업성 은 좋으나 완성 시 광택이 없음)을 조절한다.

* Tip 색소는 온도가 160℃정도 되었을 때, 주석산을 넣기 전에 넣는다.

01
야자나무

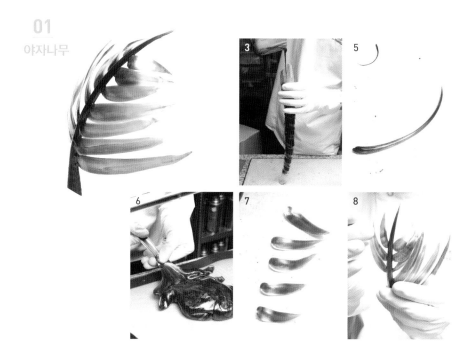

1 3mm 두께의 두꺼운 비닐을 폭 5cm 정도로 자른 후 폭의 ½정도씩 겹치도록 해 서 끝부분이 좁아지도록 둥글게 말아 올려 기둥을 만든다.

2 셀로판테이프를 중간 중간에 붙여 고정 시킨 후 구멍이 작은 쪽을 실리콘으로 막는다.

3 진한 초콜릿색 설탕반죽을 녹여 ②안에 천천히 흘려 부은 후 세워서 굳힌다.

4 녹색 설탕반죽을 볼륨감 있도록 길게 뽑아내 야자나무의 잎자루를 만든다.

5 ④와 같은 방법으로 각기 길이가 다른 잎자루 3개를 만든다.

6 녹색 설탕반죽을 얇게 늘린 후 잡아당겨 기다란 나뭇잎 모양으로 뽑아낸다.

7 ⑥의 방법으로 마주보는 같은 크기의 잎을 2개씩 세트로 해서 총 50~60개의 크 기와 길이가 다른 이파리를 만든다.

8 ⑤의 잎자루에 ⑦의 이파리를 각각 붙여 야자나무 잎을 만든다.

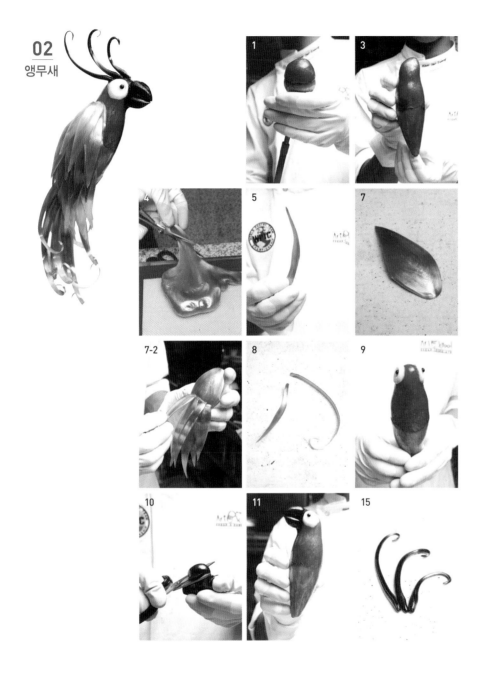

02
앵무새

1 주황색과 파란색 설탕반죽 같은 양을 각각 동그랗게 만든 후 위·아래로 붙인다.

2 파란색 부분 끝 쪽에서부터 ⅔부분까지 손가락으로 구멍을 낸 후 그 안에 공기펌프를 집어넣고 공기가 새어나오지 않게 오므린다.

3 천천히 공기를 넣으면서 윗부분을 살짝 당겨 몸통을 만든 후, 윗부분에 살짝 각을 잡아 머리의 형태를 만든다.

4 파란색 설탕반죽을 얇게 늘린 후 잡아당겨 가위를 사용해 작은 물방울 모양으로 자른다.

5 ④를 끊어지지 않게 주의하면서 깃털 모양으로 잡아당긴다.

6 위와 같은 방법으로 노란색과 주황색 깃털을 만든다(노란색이 가장 짧도록).

7 주황색 설탕반죽을 물방울 모양으로 자른 후 ⑤,⑥의 깃털을 파랑, 주황, 노랑의 순으로 붙인다.

8 파란색 설탕반죽과 주황색 설탕반죽을 ⑤와 같은 방법으로 만들 되 더 길게 늘인 후 끝부분을 안쪽으로 살짝 말아 꼬리깃털을 만든다.

9 ③의 머리에 반구 형태로 만든 하얀 설탕반죽을 마주보게 붙인다.

10 검정 설탕반죽과 투명한 설탕반죽을 녹여 눈동자를 만든다.

11 ⑨의 하얀 설탕반죽 위에 ⑩의 눈동자를 붙인다.

12 갈색 설탕반죽 표면을 둥글고 매끈하게 만든 후 가위를 사용해 반달로 자른다.

13 ⑫의 과정을 한 번 더 반복 한 후 2개의 자른 면을 살짝 붙여 부리를 만든다.

14 눈과 눈 사이에 부리를 붙인다.

15 갈색 반죽을 가늘게 늘여서 뽑아낸 후 끝부분을 달팽이처럼 말아 벼슬을 만든다.

03
원숭이

1 갈색 설탕반죽을 공기펌프를 사용해 공기를 살짝 넣으면서 길게 늘려준다.

2 중간 부분을 구부려 팔관절을 만든다(6 : 4정도의 비율로 팔·다리, 좌·우 각각 2개씩).

3 갈색 설탕반죽에 공기를 살짝 넣은 후 위의 ½정도를 살짝 눌러 평평한 면을 만든다(이마).

4 살색 설탕반죽을 오뚜기처럼 만들어 ③의 평평한 면과 튀어나온 면에 걸치게 붙여 원숭이 얼굴을 만든 후 입과 콧구멍을 뚫는다.

5 검정 설탕반죽과 투명한 설탕반죽을 녹여 눈을 만든다.

6 ⑤가 완전히 식으면 ④의 눈 부분을 토치로 가열하여 붙인 후 살짝 눌러준다.

7 갈색 설탕반죽에 공기를 넣으면서 늘인 후 가운데 부분을 눌러 호리병 모양의 몸통을 만든다.

8 ⑦의 뒷면은 살짝 평평하게 하고 앞면은 볼륨을 넣은 후 살색 설탕반죽을 앞에 붙여 가슴과 배를 만든다.

9 살색 설탕반죽을 둥글넓적하게 만든 후 가위집을 넣어 손바닥과 발바닥을 각각 2개씩 만든다(좌·우 주의).

10 살색 설탕반죽으로 알파벳 대문자 B 모양의 귀를 만든다(좌·우 각각 1개씩).

11 얼굴, 몸통, 팔, 다리, 손, 발, 귀 순으로 붙인다.

12 갈색 설탕반죽을 길게 뽑아 꼬리를 만들어서 ⑪의 뒷면에 붙인다.

* Tip 얼굴의 표정을 살리고 팔, 다리, 몸통의 비율과 균형을 맞출 것.

* Tip 팔, 다리를 만들 때 다양한 각도로 관절을 꺾어 생동감 있게 만들며, 좌·우 주의할 것.

* Tip 얼굴을 만들 때 뒤통수와 입 쪽에 살짝 볼륨을 넣어 입체감을 준다.

* Tip 접착 부분은 토치로 살짝 가열해 이음매부분이 보이지 않도록 한다.

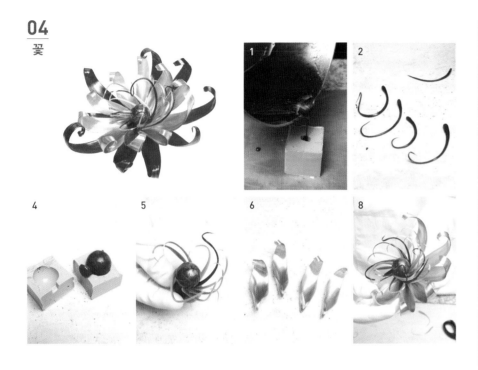

1 빨간색과 금가루 섞은 설탕반죽을 지름 3cm의 원형 구(求) 실리콘틀에 붓는다.

2 빨간색 설탕반죽을 얇게 뽑아 곡선모양의 수술을 만든다.

3 노란색 설탕반죽을 조금 더 길게 뽑아 곡선모양의 수술을 만든다.

4 ①의 구를 틀에서 뺀 후 토치로 살짝 가열해 표면을 깨끗하게 한다.

5 ④에 ②와 ③을 적절하게 섞어가면서 옆으로 감싸듯이 붙인다(노란색을 많이).

6 노란색 설탕반죽을 얇게 늘린 후 잡아당겨 물방울 모양으로 자른 후 길게 늘려 꼭지점 끝부분은 달팽이처럼 안쪽으로 말아주고 동그란 부분은 U처럼 안쪽으로 접어 꽃잎을 만든다.

7 빨간색 설탕반죽을 ⑥과 같은 방법으로 조금 길게 만든다.

8 ⑤에 노란 꽃잎을 돌려가며 붙인 후 빨간 꽃잎을 감싸듯이 붙인다.

05 바닥

1 빨간색과 금가루 섞은 설탕반죽을 지름 12cm, 18cm의 원형틀에 각각 부은 후 식힌다.

2 바깥쪽이 굳기 시작하면 틀을 한번 뺐다가 다시 끼워 나중에 떨어지기 쉽게 한다.

3 완전히 식으면 윗부분을 토치로 가열해 기포를 없앤 후 틀을 제거한다.

06
마무리

- 호랑이 무늬 구(求)
- 곡선형으로 굳힌 투명한 설탕
- 야자열매
- 코끼리 상아
- 리본
- 호랑이 꼬리

1 18cm바닥 중앙에 12cm바닥을 올려붙인다.

2 ①의 중앙에 호랑이 무늬의 구를 붙인다.

3 ②의 위에 야자나무의 기둥을 기우는 방향이 왼쪽으로 오도록 붙인다.

4 곡선형의 투명한 설탕을 야자나무 뒤쪽에서 앞쪽으로 오도록 붙인다.

5 야자 잎이 왼쪽으로 향하게 붙인 후 접착부분이 가려지도록 야자열매를 붙인다.

6 ④위에 앵무새 몸통을 붙인 후 날개, 꼬리깃털, 벼슬 순으로 붙인다.

7 코끼리 상아를 야자나무 오른쪽에 붙인다.

8 ⑥의 앵무새 아래쪽에 꽃을 붙인다.

9 호랑이 무늬 구와 야자나무 접착부분에 리본을 붙인다.

10 호랑이 꼬리는 호랑이무늬 구 뒤쪽에서 앞으로 나오도록 붙여 장식한다.

작품명 우주비행
제작 이성민

chocolate art

기본배합

몰드용 초콜릿

재료 다크 초콜릿, 화이트 초콜릿 적당량

1) 각각의 용도에 맞는 초콜릿을 녹여 템퍼링을 한 다음 사용한다. 템퍼링이 잘 이루어져야지만 몰드에서 뽑았을 때 광택이 많이 난다.

플라스틱 초콜릿(공예용 초콜릿)

재료 다크 초콜릿(카카오분 55%) 1,000g, 물엿 400g, 30°보메 시럽 200g

1) 다크 초콜릿을 잘게 다진다.

2) 물엿과 시럽을 끓인 다음 1에 넣고 가나슈처럼 녹인다.

3) 24시간 실온에서 숙성시킨 다음 사용한다. 보관시에는 랩으로 싸서 냉장고에 넣어두면 상당 기간 사용할 수 있다.

공예용 화이트 초콜릿

재료 카카오 버터 1,000g, 슈거파우더 1,100g

1) 파우더 상태의 카카오 버터를 1/3정도만 녹인다.

2) 나머지 카카오 버터, 슈거파우더를 1에 넣고 섞어 반죽을 만든다.

* **Tip** 여기에서 사용된 카카오 버터(제품명 : Mycryo)는 젤라틴 역할을 하는 카카오 버터로 자유자재로 모양을 만들 수 있고 단단하게 굳기 때문에 초콜릿 공예에 사용하면 효율성을 높일 수 있다.

불투명 화이트 색소

재료 카카오 버터 1,000g, 화이트 초콜릿 1,000g, 티타늄 다이옥사이드 소량

1) 카카오 버터와 화이트 초콜릿을 녹인 다음 티타늄 다이옥사이드를 섞는다.

* **Tip** 티타늄 다이옥사이드는 불투명한 색을 만들 때 사용된다.

일반 색소

재료 카카오 버터, 초콜릿용 식용 색소 적당량

1) 녹인 카카오 버터에 원하는 색상의 초콜릿용 식용 색소를 넣어 섞는다.

* **Tip** 일반 색소는 피스톨레용, 또는 몰드에 바르는데 사용한다.

01
원통형 막대 만들기

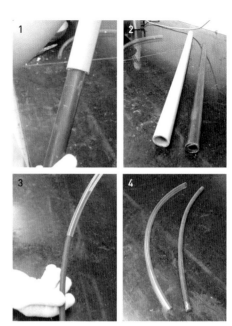

1 안벽이 매끈한 파이프에 템퍼링한 다크 초콜릿을 흘려 넣고 적당히 굳으면 나머지 초콜릿을 빼낸 다음 굳힌다.

2 고무호스도 파이프와 만드는 방법은 동일하다.

1 초콜릿 몰드의 안쪽 면을 깨끗하게 닦은 다음 템퍼링한 화이트 초콜릿을 부어 반원 모양의 틀을 만든다.

2 가스렌지 위에 철판을 올려 따뜻하게 데운 다음 몰드에서 뺀 타원형 틀 2개를 올려 살짝 녹인다.

3 녹인 부분을 서로 붙이고 이음새 부분을 매끈하게 다듬는다.

4 국자를 불에 달궈 반원형 초콜릿을 조금씩 녹인다.

5 3의 타원형 구를 4의 초콜릿 위에 올리고 고정시켜 머리를 만든다.

6 머리와 턱 부분에 초콜릿을 덧붙인다.

7 불에 달군 원형 모양 깍지로 입모양을 뚫어준다.

8 머리 보다 조금 더 큰 타원형틀로 몸통을 만들고 공예용 화이트 초콜릿으로 목과 머리 부분의 이음새를 만들어준다.

9 머리를 붙이고 공예용 화이트 초콜릿으로 마이크를 만들어 붙인다.

10 크고 작은 반원 모양 몰드에 뽑아낸 초콜릿으로 크기가 다른 구 2개를 만들고 서로 붙인 다음 손모양 몰드에 뽑아낸 초콜릿을 붙인다.

11 다리는 서로 다른 크기의 구 3개를 연결시키고 다크 초콜릿으로 만든 신발을 붙인다.

12 몸통 부분에 팔을 붙인다.

13 다리는 달군 국자로 붙이는 부분을 조금 녹여 몸통 양옆에 자연스럽게 붙여준다.

14 눈이 붙을 위치를 손가락으로 문질러 평평하게 만들어준다.

15 다크 초콜릿으로 짠 눈을 얼굴에 붙인다.

16 플라스틱 초콜릿으로 산소통을, 공예용 화이트 초콜릿으로 공기 연결 호수를 만들어 붙인다.

* Tip 몰드로 뽑아내는 초콜릿틀은 너무 두껍지 않은 것이 좋다.

* Tip 딱딱해진 공예용 화이트 초콜릿은 손으로 부드럽게 문질러 사용한다.

* Tip 접착용으로 사용하는 초콜릿은 템퍼링된 초콜릿을 사용하되, 굳기 직전의 걸쭉한 상태가 가장 잘 붙고 빨리 굳는다.

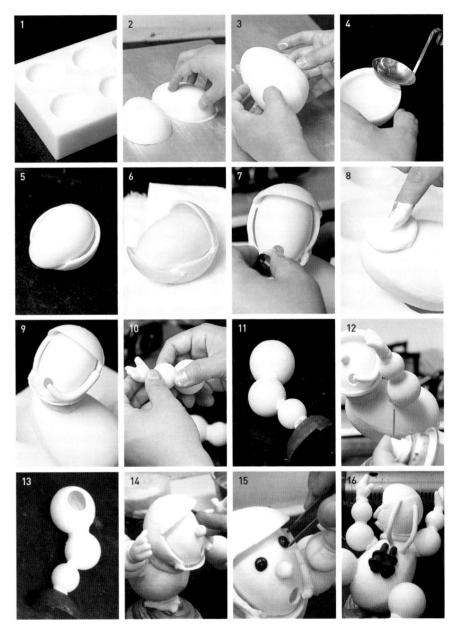

02
로케트
만들기

1 삼각뿔 모양의 몰드와 삼
  각뿔의 밑변과 둘레의 크
  기가 동일한 컵에 템퍼링한
  화이트 초콜릿을 채운다.

2 삼각뿔과 컵 둘레가 조금
  씩 굳어질 때까지 잠시 놔
  둔다.

3 몰드를 두들기면서 여분의
  초콜릿을 되돌려 붓는다.

4 다시 한 번 더 초콜릿을 채
  운 다음 바닥에 두들겨 공
  기를 빼준다.

5 둘레가 굳으면 초콜릿을 되돌려 붓고 거꾸로 엎어서 완전히 굳어
  질 때까지 놔둔다.

6 초콜릿이 완전히 굳으면 몰드에서 자연스럽게 빠진다.

7 삼각뿔과 컵모양의 초콜릿을 각각 녹여 붙인다.

8 손가락으로 이음새 부분을 깨끗하게 다듬는다.

9 다크 초콜릿으로 만든 날개 부분을 원통 둘레에 3개를 붙인다.

10 템퍼링된 화이트 초콜릿을 걸쭉해질 때까지 굳힌다.

11 타원형 구에 손가락으로 찍어내듯이 10의 템퍼링된 초콜릿을 바
   른다.

12 컵 뒷부분에 붙여 불꽃 모양을 만든다.

13 녹인 카카오 버터에 붉은색 초콜릿 색소를 섞어 에어브러시를 뿌
   린다.

03
불투명 구 만들기

1 카카오 버터를 중탕으로 녹인다

2 카카오 버터에 원하는 초콜릿 색소를 넣어 섞는다. 흰색 색소의 경우에는 카카
　오 버터에 티타늄 다이옥사이드만 섞는다.

3 초콜릿 몰드에 2에서 만든 초콜릿 색소를 원하는 무늬로 바른다.

4 먼저 바른 색소를 완전히 말린 다음 흰색 색소를 몰드 전체에 발라준다.

5 템퍼링한 다크 초콜릿을 부어 적당한 두께로 굳었을 때 다시 되돌려 부어준
　다음 굳힌다.

* Tip 두 색상 이상의 색소를 몰드에 바를 경우에는 먼저 바른 색소가 완전히 마른 후에 다음번
　　　색소를 칠해준다. 마르기 전에 칠하게 되면 색소가 섞여버려 원하는 색상을 얻을 수 없다.

* Tip 불투명한 흰색 색소를 전체에 발라주는 것은 다른 색상을 더욱 선명하게 보이게 하기 위해
　　　서이다.　다크 초콜릿을 몰드에 부어 빼내기 때문에 불투명한 색상을 덧칠해주지 않으면 전
　　　체적으로 어두워진다.

04
마무리

1 다크 초콜릿으로 만든 바닥과 기둥을 세워 대략적인 토대를 만든다.

2 다양한 크기로 만든 구를 붙인다.

3 강아지와 우주인을 토대에 붙이고 다른 부분을 모두 랩으로 감싼 다음
　불투명 화이트 색소를 이용해 강아지와 우주인 전체에 에어브러시를 뿌
　려 입체감을 준다.

4 가장 윗 기둥에 로케트를 붙인 다음 에어브러시로 색상을 입힌다.

5 공예용 화이트 초콜릿으로 구불구불한 막대 모양의 장식을 만들어 붙
　이고 에어브러시로 노란색과 갈색을 입힌다.

6 몰드에 색을 입혀 만들어둔 다양한 장식물을 붙여 마무리한다.

* Tip 에어브러시 사용시 번거롭더라도 뿌리고자 하는 물체 이외의 것은 랩이나 비닐로
　　　감싼 다음 뿌려야 한다.

초콜릿 공예 2

작품명 카라화병
제작 요코타 히데오

Chocolate art

피에스몽테 본체용

재료 초콜릿(카카오분 55%) 5kg, 카카오 버터 1kg

1 초콜릿의 카카오분이 낮을 경우는 카카오버터를 조금 더 넣어준다.

01 플라스틱 초콜릿용

재료 초콜릿(카카오분 55%) 600g, 시럽(30 보메) 60g, 물엿 240g

1 초콜릿은 잘게 썰어 35~40℃ 온도로 녹인다.

2 시럽과 물엿도 초콜릿과 마찬가지로 35~40℃ 중탕으로 녹인다. 여기서 물엿이 묽은 경우는 시럽양만큼 물엿으로 대체하면 된다.

3 녹여둔 초콜릿에 데운 물엿과 시럽을 넣은 다음 재빨리 저어준다.

4 단단해지면서 순간 광택이 없어지면 더 이상 반죽하지 말고 비닐 등의 필름에 싸서 하루정도 휴지시킨다. 여기서 분리되었을 때는 시원한 곳에서 계속 반죽해주면 된다.

5 사용할 양만큼 손으로 계속 문질러 반죽해서 사용한다. 시원한 곳에 보관하면 오랫동안 사용할 수 있다.

02 카라(꽃) 만들기

1 플라스틱 초콜릿을 부드럽게 반죽한 다음 심을 만든다. 아랫부분은 굵고 동그랗게, 윗부분은 길고 홀쭉하게 만든 다음 이쑤시개를 꽂아 줄기와 이어질 부분을 만들어 둔다.

2 플라스틱 초콜릿을 적당량 떼어 필름을 덮고 밀대로 민다.

3 반죽이 평평하게 밀어지면 먼저 사각형으로 잘라낸 다음 한쪽 가장자리를 잘라내 5각형모양으로 만든다.

4 다시 필름을 덮고 손으로 가장자리 부분을 얇게 펴준다.

5 마지팬스틱으로 꽃잎의 선(줄기모양)을 그려준 다음 손으로 문지르면서 선부분을 매끄럽게 다듬어 준다.

6 선이 그려진 부분을 안쪽으로 해서 심을 중심으로 동그랗게 만다.

7 밑부분을 깔끔하게 다듬는다.

8 손으로 꽃잎의 끝부분을 자연스럽게 구부려준다.

02 카라(꽃) 만들기

03 이파리 만들기

1 플라스틱 초콜릿을 적당한 두께로 민 다음 이파리 모양을 만든다.

2 이파리 모양틀에 찍어낸다.

3 가장자리 등을 다듬어 자연스러운 모양으로 만들어둔다.

04 줄기 만들기

1 템퍼링한 초콜릿을 고무 호스에 짜넣는다.

2 짜는 반대편 끝은 열어두었다가 초콜릿이 거의 다 채워지면 코르크(고무호스 굵기에 맞게 잘라 사용)로 막는다. 짜는 입구도 코르크 마개로 막아준다.

3 스티로폴에 고정시켜 원하는 줄기 모양을 만들어 굳힌다. 여기서는 4개가 필요하다.

4 완전히 굳으면 코르크 마개를 떼어내고 고무호스를 칼로 자른다.

5 조심스럽게 벗겨낸 다음 카라(꽃)와 이어질 부분에 미리 뾰족한 철사 등을 달궈 홈을 파둔다.

03 이파리 만들기

04 줄기 만들기

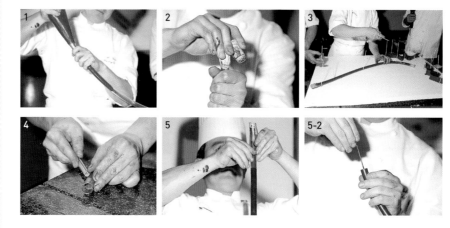

05 리본 만들기

1 물기있는 철판에 리본모양의 깨끗하게 닦은 필름을 완전히 밀착시킨다. 나중에 잘 떼어낼 수 있게 필름 끝부분에 매직으로 표시해두면 편리하다.

2 카카오버터와 오렌지색 초콜릿용 색소(빨강과 노랑을 섞어서 오렌지를 만든다)를 섞은 다음 템퍼링한다. 템퍼링은 일단 녹여서 굳기 직전까지 식힌 다음 중탕으로 다시 녹여 사용한다. 초콜릿보다 낮은 온도의 걸쭉한 상태로 사용하면 된다.

3 필름에 템퍼링된 카카오버터를 바른다.

4 템퍼링된 초콜릿을 팔레트 나이프로 얇게 바른 다음 떼어낸다.

5 반으로 접어 끝부분이 접착되면 서늘한 곳에서 말린다.

6 긴모양 리본도 오렌지색 카카오버터와 초콜릿을 바른다.

7 스티로폴에 세로로 세워가며 굴곡을 만든다.

8 철판에 접착용 초콜릿을 짠 다음 필름을 떼어낸 리본을 비스듬하게 겹친다.

9) 불륨감있게 윗부분에 리본을 얹어준 다음 긴 모양 리본을 붙여준다.

05 리본 만들기

06 장식용 꽃 만들기

1 플라스틱 초콜릿으로 꽃심을 만든다. 먼저 동그랗게 반죽한 다음 격자무늬를 내준다.

2 끝부분이 뾰족한 잎모양으로 만든 필름에 오렌지색 카카오 버터를 바른 다음 템퍼링한 초콜릿을 얇게 바른다.

3 냉동실에서 식혀둔 반원틀에 넣고 일정한 방향으로 휘어지게끔 모양을 만들어 굳힌다.

4 필름을 떼어낸 다음 꽃심부분을 중심으로 꽃잎을 부쳐나간다. 꽃잎이 굳을 때까지 지탱할 수 있는 가벼운 물체를 세워두면 편리하다.

5 첫 번째 꽃잎과 서로 엇갈리게끔 두 번째 꽃잎을 부쳐 마무리한다.

07 장식용 이파리 만들기

1 단단하고 맥이 뚜렷한 잎을 준비한다.

2 오렌지색과 녹색(파란색과 노란색으로 만듦)을 각각 섞어 템퍼링한 카카오버터를 잎 뒷면에 붓으로 바른다.

3 템퍼링한 초콜릿을 붓으로 바른 다음 서늘한 곳에서 말린다.

4 이파리를 떼어낸다.

06 장식용 꽃 만들기

07 장식용 이파리 만들기

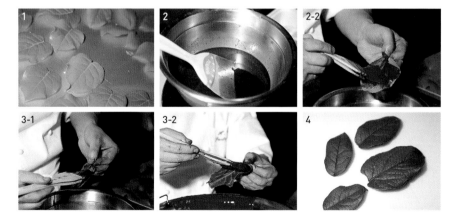

08 마무리

필요한 도구 피스톨레용 스프레이

피스톨레는 초콜릿과 카카오버터(2:1)의 분량으로 사용한다.

1 미리 초콜릿을 부어 만들어둔 틀(화병)에 피스톨레한다. 케이크를 올려 장식할 아크릴판도 차갑게 식힌 다음 피스톨레한다.

2 화병에 접착용 초콜릿을 조금 붓는다.

3 만들어둔 줄기를 화병 안에 각각 2개씩 엇갈리게 4개를 고정시킨다.

4 줄기가 굳으면 줄기 끝에 카라를 붙인다. 이때도 초콜릿을 접착용으로 사용한다.

5 윤기가 나게끔 줄기에 카카오버터를 발라준다.

6 미리 만들어둔 장식용 이파리를 화병 위에 자연스럽게 올려준다.

7 피스톨레한 아크릴 판 위에 케이크, 화병 등을 올려 마무리한다.

08 마무리

작품명 사랑의 여신
제작 안창현 명장

Bread art

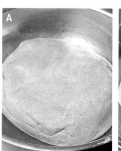

기본배합

A 반죽1(검은색 반죽)

재료 호밀가루 1,000g, 중력분 1,000g, 시럽 1,300g

1 모든 재료를 섞고 믹싱한다.

B 반죽2(흰색 반죽)

재료 강력분 200g, 중력분 200g, 전분 200g, 시럽 400g

1 모든 재료를 섞고 믹싱한다.

C 시럽

재료 설탕 1,000g, 물 1,000g, 물엿 300g, 소금 30g

* Tip 물엿은 반죽의 신장력을 좋게 하고, 소금은 제품의 색을 선명하게 한다.

D 접착용 반죽1(검은색 반죽용)

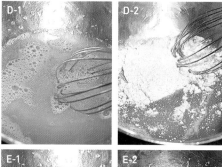

재료 젤라틴 100g, 호밀가루 적당량

1 물에 불린 젤리틴을 중탕으로 녹인다.

2 호밀가루를 넣고 섞어준다.

* Tip 완성된 반죽은 작업하는 동안 굳지 않도록 따뜻한 물에 중탕으로 보관한다.

* Tip 호밀가루는 사용하는 용도에 따라 그 양을 조절한다.

E 접착용 반죽2(흰색 반죽용)

재료 젤라틴 적당량, 슈거파우더 적당량

1 물에 불린 젤라틴을 중탕으로 녹인다.

2 체친 슈거파우더를 섞어준다.

F 착색용 색소

재료 캐러멜 색소 적당량, 커피 엑기스 적당량, 노른자 적당량

1 모든 재료를 섞어준다.

01 바닥(대) 만들기

1 반죽1(검은색 반죽)을 두께 8mm로 밀어 편다.

2 종이로 만든 모양본을 올리고 반죽이 늘어나지 않도록 조심스럽게 자른다.

3 테두리 부분에 붓으로 계란 물칠을 한다.

4 중앙에 원형의 모양본을 올린 후 계란물칠을 한 부분만 강력분을 뿌려주고 철판에 팬닝한 다음 윗불 160℃, 아랫불 150℃ 오븐에서 40분간 굽는다.

02 기둥(소) 만들기

1 반죽1(검은색 반죽)을 3mm로 밀어 편 후 30×15cm 크기의 직사각형으로 자른 다음 알루미늄 호일을 두른 쇠파이프에 1의 반죽을 감싼다.

2 계란물칠을 하고 윗불 160℃, 아랫불 150℃의 오븐에서 15분간 굽는다.

03 바닥(소) 만들기

1 반죽1(검은색 반죽)을 두께 3mm로 밀어 편 후 손으로 가장자리 부분을 불규칙하게 뜯어낸다.

2 가장자리 부분을 밀대로 얇게 밀어 펴고 윗면에 계란물칠을 한 후 윗불 160℃, 아랫불 150℃ 오븐에서 30분간 굽는다.

*** Tip** 테두리 부분을 밀대로 얇게 밀어 구우면 색감과 질감의 변화를 줄 수 있다.

04 기둥(대) 만들기

1 반죽1(검은색 반죽)을 두께 5mm로 밀어 편 후 틀 크기에 맞게 55×18cm 크기의 직사각형으로 자른다.

2 유지를 바른 뷔슈 드 노엘틀에 올린 후 손으로 눌러 형태를 만든다.

3 계란물칠을 한다.

4 하트형틀로 찍은 반죽을 3위에 붙이고 다시 계란물칠을 한다.

5 같은 제품을 3개 만든다.

6 윗불 160℃, 아랫불 150℃ 오븐에서 15분간 굽는다.

05 장식1(천사) 만들기

1 반죽1(검은색 반죽)을 두께 5mm로 밀어 편 후 종이 모양본을 올리고 늘어나지 않도록 자른다.

2 철판에 팬닝한 후 다시 모양본을 올리고 모양을 다듬은 다음 계란물칠을 한다.

3 80%로 축소시킨 모양본의 올리고 가장자리에 강력분을 뿌려준 다음 윗불 160℃, 아랫불 150℃의 오븐에서 40분간 굽는다.

06 장식2(하트) 만들기

1 반죽1(검은색 반죽)과 반죽2(흰색 반죽)를 밀어 편 후 크기가 각각 다른 하트형태를 찍어낸다.

2 각각 계란물칠을 한 후 크기별로 붙여나간다.

3 연인 형태로 만든 종이 모양본을 반죽에 올려 자른다.

4 크기별로 붙인 하트 모양 위에 연인 모양의 반죽을 붙인다.

5 윗불 160℃, 아랫불 150℃ 오븐에서 30분간 구운 다음 착색용 색소를 테두리에 바른다.

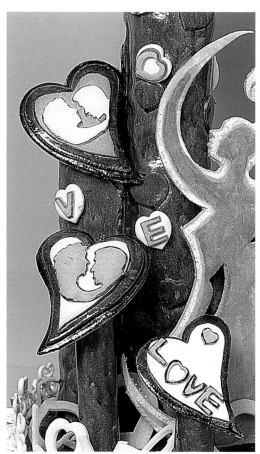

07 구 만들기

1 반죽2(흰색 반죽)를 콩알 크기로 떼어낸 후 손바닥으로 밀어 양끝을 가늘게 만든다.

2 끝을 말아 하트 형태로 성형하고 윗불 160℃, 아랫불 150℃ 오븐에서 15분간 굽는다.

3 완전히 식으면 반구형 틀의 안쪽 면에 접착용 반죽 2를 이용해 하트를 붙이고 똑같은 모양의 반원을 만들어 2시간 이상 굳힌 다음 두 개를 붙인다.

08 장식3(넝쿨) 만들기

1 반죽2(흰색 반죽)를 떼어낸 후 손바닥으로 한 쪽 끝이 가늘게 성형한다.

2 적당히 뭉친 알루미늄 호일 위에 2~3회 꼰 1의 반죽을 올리고 윗불 160℃, 아랫불 150℃ 오븐에서 15분간 굽는다.

09 마무리

1 완전히 식힌 〈기둥 1〉 2개에 〈접착용 반죽 1〉을 발라 원통을 만든다.

2 〈바닥(대)〉에 1을 붙인 후 나머지 〈기둥 1〉을 비스듬히 잘라 양 측면에 붙인다.

3 기둥 윗면에 〈바닥(소)〉을 붙인다.

4 〈장식 2〉를 비스듬히 자른 〈기둥(대)〉과 〈기둥(소)〉의 자른 면에 붙인다.

5 〈장식 1〉을 기둥 앞쪽으로 세운다.

6 하트로 만든 구를 접착용 〈반죽 2〉로 기둥 위에 붙인다.

7 〈장식 3〉을 하트로 만든 구 하단에 붙인다.

8 착색용 색소를 〈반죽 2〉로 만든 부분을 제외한 모든 곳에 발라준다.

9 각종 소형 장식들을 붙여 마무리한다.

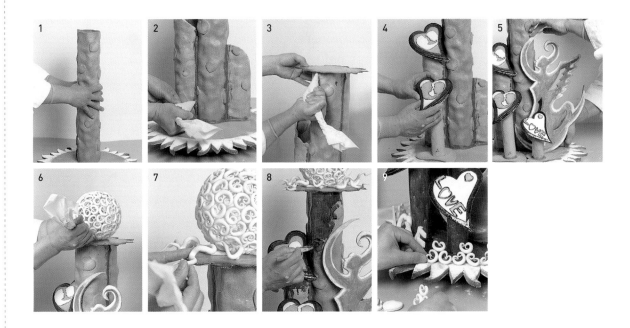

표준 제과미술

저자	유명현, 김영광, 이관복, 채동진
감수 (ㄱ, ㄴ 순)	김동석, 김영일, 김영선, 김영숙, 도중진, 안호기, 정수종, 이명호, 이정훈, 이준열, 이희태, 조남지, 최동만, 홍행홍
제품실연	박찬회, 안창현, 오병호, 이성민, 조성완, 고화원, 한서광
발행인	장상원
초판 1쇄	2011년 3월 25일
7쇄	2023년 3월 27일
발행처	(주)비앤씨월드
	출판등록 1994. 1. 21. 제16-818호
	주소 서울특별시 강남구 선릉로 132길 3-6 서원빌딩 3층
	전화 (02)547-5233
	팩스 (02)549-5235

ⓒ KOREA BAKING SCHOOL, BnC world

http://www.bncworld.co.kr